Alemesht Ayele Tilahun

Impacto da variabilidade da precipitação na produção agrícola e na adaptação dos agricultores

Alemesht Ayele Tilahun

Impacto da variabilidade da precipitação na produção agrícola e na adaptação dos agricultores

ScienciaScripts

Imprint
Any brand names and product names mentioned in this book are subject to trademark, brand or patent protection and are trademarks or registered trademarks of their respective holders. The use of brand names, product names, common names, trade names, product descriptions etc. even without a particular marking in this work is in no way to be construed to mean that such names may be regarded as unrestricted in respect of trademark and brand protection legislation and could thus be used by anyone.

Cover image: www.ingimage.com

This book is a translation from the original published under ISBN 978-3-659-85891-8.

Publisher:
Sciencia Scripts
is a trademark of
Dodo Books Indian Ocean Ltd. and OmniScriptum S.R.L publishing group

120 High Road, East Finchley, London, N2 9ED, United Kingdom
Str. Armeneasca 28/1, office 1, Chisinau MD-2012, Republic of Moldova, Europe
Printed at: see last page
ISBN: 978-620-0-65343-7

Agradecimentos

Acima de tudo, gostaria de agradecer a Deus Todo-Poderoso pelas suas dádivas incalculáveis e sem reservas, que me deram ao longo da minha vida.

Estou muito grato ao meu orientador, Dr. Behilu Tadesse, pelo seu apoio profissional e pelas suas preocupações desde o início da conceção da proposta de investigação até à redação da tese. Os meus agradecimentos especiais vão também para o Dr. Menberu Teshome pelo seu enorme apoio em todas as fases deste estudo. Estou grato a Abay Getachw pelos seus inestimáveis comentários e encorajamentos em várias fases deste trabalho.

Gostaria de estender os meus agradecimentos ao Gabinete de Prevenção e Preparação para Catástrofes da Zona Sul de Gondar e ao Gabinete de Agricultura de Ebnat Wereda pela sua abordagem acolhedora, hospitalidade e apoio.

Por último, agradeço profundamente ao meu irmão mais novo, Addis Ayele, pelo seu amor, apoio contínuo e enorme encorajamento ao longo da minha vida. Como mãe, Addis preparou e enviou todo o material necessário, especialmente durante a minha estadia em Gondar, o que teria sido inesperado se não fosse o seu grande interesse e empenhamento na conclusão dos meus estudos.

Dedicação

Esta tese é dedicada aos meus pais e ao meu avô Girma Abirew. O meu pai, o falecido Ayele Tilahun, e a minha mãe, a falecida Abebech Girma, não só me criaram e cuidaram de mim, como também se desdobraram em esforços durante os primeiros anos da minha educação. Por acaso, faleceram num intervalo de seis meses, quando eu estava no 9º e 10º anos. O meu avô, o falecido Girma Abirew, depois de ter recebido toda a responsabilidade dos meus pais, tem sido uma fonte de motivação e de força, especialmente nos momentos de desespero e de desânimo, e sabia que eu seria bem sucedido. Já se foi, mas nunca foi esquecido. Sentirei sempre a tua falta e amar-te-ei para sempre. Obrigada por tudo o que fizeste.

Índice

Resumo

A variabilidade da precipitação é um elemento climático fundamental que afecta a produção agrícola na Etiópia, que depende em grande medida da agricultura de sequeiro. Evidentemente, o impacto da variabilidade interanual e sazonal da precipitação é adverso, sobretudo nas comunidades rurais do país, onde falta informação científica sobre a natureza e a magnitude da variabilidade da precipitação e o seu impacto na produção agrícola. Por conseguinte, o objetivo deste estudo foi analisar a variabilidade da precipitação e o seu impacto na produção de cereais e identificar as práticas de adaptação dos agricultores em Ebinat Wereda. Neste estudo, existem dois conjuntos de dados, ou seja, dados primários e secundários. Os dados primários obtidos a partir de um total de 385 agregados familiares incluídos na amostra foram examinados através de ferramentas de estatística descritiva, tais como a média, as percentagens e as frequências. Enquanto os dados secundários, tais como os dados de precipitação média diária do período 1979-2010 e os dados de produção de cereais do período 2004-2010, que foram utilizados para o estudo, foram analisados utilizando o coeficiente de variação, a regressão linear, o teste de tendência Mann-Kendall e o coeficiente de correlação de Spearman (rho).

O resultado do estudo mostrou que tem havido uma grande variabilidade da precipitação mensal, sazonal e anual em Ebinat woreda. O resultado da análise de regressão linear indicou que tanto a precipitação anual como a sazonal diminuíram nos últimos 32 anos. No entanto, a precipitação de verão apresenta fortes tendências de diminuição em Ebinat woreda. Com base no teste Mann-Kendall, houve 2 a 3 anos de condições sucessivas de seca em Ebinat, mas o ano mais seco de 2002 foi estatisticamente significativo com um limite de confiança de 95% e a correlação entre a produção de cereais e a precipitação de verão foi positiva. Os resultados obtidos no inquérito aos agregados familiares indicaram que cerca de 95% dos inquiridos nos kebeles amostrados referiram que a temperatura e a precipitação têm vindo a mudar e a afetar a sua produção agrícola durante os últimos 10 anos. Dada esta perceção, os agricultores utilizaram as suas próprias opções de adaptação. No entanto, existem vários constrangimentos à adaptação à variabilidade climática entre os agricultores rurais de Ebinat wored.

Acrónimo e abreviatura

AG GDP   Agricultural Gross Domestic Products

ACCRA   Africa Climate Change Resilience Alliance

CSA   Central Statistical Agency

DDC   Data Distribution Center

DCG   Dry-land Coordination Group

DCRS   Dry land Crops Research Strategy

EA   Enumeration Areas

EPA   Environmental Protection Authority

FEWS   Famine Early Warning Systems

EIAR   Ethiopian Institute of Agricultural Research

GHG   Green House Gas

GDP   Gross Domestic Product

ICRA   International Center for Development Oriented Research in Agriculture

IPCC   Intergovernmental Panel on Climate Change

LDCs   Least Developed Countries

MoFED   Ministry of Finance and Economic Development

NAPA   National Adaptation Program of Action

NAMA   Nationally Appropriate Mitigation Action

NMA   National Metrological Agency

NMSA   National Meteorological Services Agency

PASDEP Plan for Accelerated and Sustainable Development to End Poverty

SERA   Strengthening Emergency Response Abilities

UNFCCC United Nations Framework Convention on Climate Change

CAPÍTULO 1

Introdução

1.1. Antecedentes do estudo

O clima é fundamental para o mundo. A paisagem, bem como as plantas e os animais nela existentes, são todos determinados em grande medida pelo clima que actua durante longos intervalos de tempo (Pittock, 2009). Do mesmo modo, existem muitos factores, tanto naturais como de origem humana, que determinam o clima da Terra. Um dos factores naturais mais importantes é o efeito de estufa (IPCC, 1990). A presença de gases com efeito de estufa na atmosfera é uma componente natural do sistema climático e ajuda a manter a Terra como um planeta habitável (CCIR, 2005).

Vários estudos científicos sugeriram que as concentrações de gases com efeito de estufa e, em especial, de dióxido de carbono - aumentaram - desde a Revolução Industrial, em grande parte devido à combustão de combustíveis fósseis para a produção de energia (IPCC, 1990). Este aumento da quantidade de dióxido de carbono está a provocar o aquecimento global da superfície da Terra devido ao seu efeito de estufa reforçado (Houghton, 2009). O relatório mais recente do Painel Intergovernamental sobre as Alterações Climáticas (IPCC, 2007) afirma com 90% de certeza que a tendência para o aumento das temperaturas globais durante o século XX pode ser atribuída às emissões de gases com efeito de estufa induzidas pelo homem e que as últimas previsões são muito piores do que as estimativas anteriores (Houghton, 2009).

Este aquecimento global e os seus impactos multifacetados estão a afetar o mundo inteiro de várias formas. Um grande número de estudos a nível nacional confirmou que os países em desenvolvimento e os seus sectores económicos são particularmente afectados pela ameaça das alterações climáticas (Mendelsohn e Dinar, 1999), sendo menos capazes de se adaptar às futuras alterações climáticas (Charles et.al., 2011). É geralmente reconhecido que, entre todos os sectores, a agricultura é o mais sensível e vulnerável às alterações climáticas (IPCC, 1990). Devido às alterações nos padrões de precipitação e ao stress hídrico causados pelo aquecimento da temperatura, prevê-se que tenham impactos negativos na agricultura, com as perdas mais graves a ocorrerem em África, na América Latina e na Índia (Parry et.al. 2004).

De todas as regiões em desenvolvimento, muitos países de África (em especial os países da África Subsariana) serão provavelmente os mais afectados por qualquer variabilidade climática atual e por futuras alterações climáticas (Ravallion e Chen, 2004), porque a região já suporta muito calor e pouca precipitação (McCarthy et.al. , 2001). Para além disso, a sociedade africana e a sua economia estão fortemente dependentes de um sistema de produção agrícola sensível ao clima e os agricultores dependem de tecnologias relativamente básicas. Isto é particularmente verdade em países com baixos rendimentos, como a Etiópia, onde a capacidade de adaptação é baixa (Deressa , 2007).

Uma medida desta dependência económica é o facto de se estimar que o sector agrícola representa mais de 50% do PIB etíope e apoia diretamente cerca de 85% da população em termos de emprego e de meios de subsistência. Apesar da sua elevada contribuição para a economia global, a seca é o risco natural mais importante relacionado com o clima que afecta frequentemente este sector (NMS, 2007) porque o sector agrícola na Etiópia é predominantemente de subsistência e alimentado pela chuva

(Degefe e Berhanu, 2000). A Agência Central de Estatística (CSA, 2002) sugeriu que o desempenho de um sistema agrícola deve garantir um abastecimento constante de alimentos à população de um país. Mas, a menos que seja dada uma atenção especial à agricultura, o seu desempenho pode ser impedido pelos caprichos da natureza.

A Etiópia tem vindo a registar um aumento das temperaturas, uma diminuição das precipitações e secas mais longas e mais frequentes. A precipitação é o fator climático mais variável e imprevisível na Etiópia (EIAR e NMA, 2009). A Agência Nacional de Serviços Meteorológicos (NMS, 2007) indicou ainda que se registou uma variabilidade muito elevada da precipitação nos últimos 50 anos. Embora haja também uma longa história de secas na Etiópia, os estudos mostram que a sua frequência e cobertura espacial aumentaram nas últimas décadas (EIAR e NMA, 2009).

Estudos mostraram que as flutuações inter-anuais do nível de produção das culturas nacionais dependem largamente da quantidade e da distribuição temporal da precipitação (Mulat et.al., 2004).

As ocorrências anormais de precipitação em termos de quantidade e distribuição conduzem geralmente a uma colheita fraca e/ou a um fracasso total das colheitas. Tais condições extremas acabam por resultar em seca (EIAR e NMA, 2009). Em casos extremos, as secas na Etiópia podem reduzir a produção agrícola familiar em até 90% da produção de um ano normal (Banco Mundial, 2003).

A agricultura de subsistência alimentada pela chuva é a principal atividade económica no Estado Regional Nacional de Amhara (Bewket, 2009). Ao contrário de outras regiões da Etiópia, onde parece haver uma mudança na escolha das culturas, o teff, o milho e o sorgo são as culturas cerealíferas que mais se destacam em termos de volume de produção na região de Amhara. A estação do meher é a principal estação de cultivo e representa a maior parte da área total cultivada e da produção agrícola anual (CSA, 2002).

A seca agrícola é o principal desafio físico no Estado Regional Nacional de Amhara (ANRS). Das 227 weredas da região, 64 são propensas à seca e sofrem de défice alimentar. As zonas orientais da região são particularmente afectadas por secas recorrentes. A precipitação na região de Amhara é caracterizada por uma flutuação esporádica de anos húmidos e secos (Ayalew et.al. 2012). Bewket (2009) observou que, na maior parte da ANRS, a precipitação é unimodal. Grande parte da precipitação concentra-se nos quatro meses da estação kiremt. As precipitações de belg (pequena estação chuvosa, março-maio) e bega (estação seca, outubro-fevereiro) são muito mais variáveis do que as precipitações de kiremt (principal estação chuvosa, junho-setembro). Os resultados do seu estudo mostram que existem diferenças intra-regionais significativas na quantidade, variabilidade e tendência da precipitação. Verificou que a tendência da precipitação de kiremt está a diminuir significativamente na zona sul de Gondar. À semelhança do estudo de Bewket, Ayalew et al (2012) verificaram que na zona sul de Gonder, onde este estudo foi efectuado, a precipitação de kiremt apresenta tendências de diminuição significativas.

Por conseguinte, as investigações científicas e a investigação aplicada sobre a variabilidade da precipitação e o seu impacto nos níveis de produção e na produtividade da agricultura são fundamentais para desenvolver sistemas de produção agrícola eficazes e localmente adaptáveis face à crescente variabilidade meteorológica induzida pelas alterações climáticas. Por conseguinte, este estudo foi realizado em Ebinat Woreda da Zona Sul de Gondar, Estado Regional Nacional de Amhara, para compreender e analisar a variabilidade da precipitação e o seu impacto na produção agrícola e nas práticas de adaptação dos agricultores

1.2. Declaração do problema

Mais de noventa por cento da população de Ebinat Woreda vive em zonas rurais e dedica-se ao sector agrícola (CSA, 2010). O perfil de vulnerabilidade desenvolvido pelo SERA (2000) identificou Ebinat woreda como um dos weredas na ANRS mais afectados por calamidades naturais recorrentes. De todas as calamidades, a seca é o maior desafio, causando miséria entre a população. As crescentes alterações climáticas devido à crescente variabilidade climática, como o aumento da temperatura e a precipitação irregular, levaram a um declínio substancial da produção agrícola. Os dados mostram também que, devido a factores naturais e humanos, a maior parte das terras está degradada e a maioria dos agricultores tem produzido quantidades insuficientes de culturas para o seu próprio consumo. Esta situação é ainda agravada pelos riscos naturais causados pelas alterações e variabilidade climáticas.

Apesar do estudo acima, que foi realizado em 2000, pouco se sabe sobre o woreda de Ebinat. Assim, estudos empíricos, análises aprofundadas, evidências científicas bem estabelecidas e dados actualizados devem ser necessários para fornecer respostas adequadas específicas às circunstâncias do woreda, de modo a reduzir os impactos causados pela variabilidade climática. Por conseguinte, este estudo foi concebido para investigar a natureza e a magnitude da variabilidade da precipitação e o seu impacto na produção agrícola, bem como as práticas de adaptação existentes no woreda de Ebinat.

1.3. Objectivos do estudo

1.3.1. Objetivo geral

O objetivo geral deste estudo foi analisar a variabilidade da precipitação e o seu impacto na produção de cereais e identificar as práticas de adaptação dos agricultores em Ebinat Wereda.

1.3.2. Objectivos específicos

Os objectivos específicos do estudo incluem

    i.   Examinar a variabilidade temporal da precipitação na área de estudo

    ii.   examinar as tendências da precipitação na área de estudo

    iii.   avaliar a relação entre a variabilidade da precipitação e a produção agrícola na área de estudo

    iv.   identificar a perceção e as estratégias de adaptação existentes utilizadas pelos agricultores rurais em resposta à variabilidade climática na área de estudo

1.4. Questões de investigação

    i.   Como foi a variação inter-anual e sazonal da precipitação na área de estudo?

    ii.   Qual foi a tendência da precipitação na área de estudo?

    iii.   Qual a relação entre a precipitação e a produção agrícola na zona de estudo?

    iv.   Qual é o nível de sensibilização dos agricultores rurais para a variabilidade climática e o seu impacto?

    v.   Que estratégias locais de adaptação às alterações climáticas estão a ser utilizadas pelos agricultores da zona para fazer face ao impacto da variabilidade climática?

1.5.   Importância do estudo

Este estudo limitou-se a um único Woreda e foi realizado ao nível do agregado familiar. Apesar da sua área de cobertura limitada, acredita-se que o resultado das conclusões do estudo acrescenta informações valiosas e conhecimentos científicos necessários para desenvolver estratégias de adaptação localmente adaptáveis e viáveis para responder ao impacto do aumento da variabilidade da precipitação na produção agrícola a nível dos agregados familiares. Para dar uma visão mais aprofundada das estratégias de adaptação, este estudo pode contribuir para a sensibilização para a variabilidade climática ao nível das bases e fornecer informações adicionais e compreensão das condições locais, fornecendo alguns conhecimentos relacionados com os impactos da variabilidade da precipitação na produção agrícola na área de estudo. O estudo também beneficiaria outros investigadores e organizações que possam pretender realizar mais estudos sobre questões relacionadas

1.6.   Âmbito do estudo

A região de Amhara tem predominantemente um sistema económico agrário, com mais de noventa e dois por cento da sua população dependente de actividades sensíveis ao clima, como a agricultura (CSA, 2002). Na agricultura, é a agricultura de sequeiro que será mais afetada pelas alterações climáticas. A precipitação é um parâmetro meteorológico importante que afectará a produção de culturas de sequeiro. Nestes sectores, as comunidades rurais da zona sul de Gondar contam-se entre as pessoas mais vulneráveis da região, que serão afectadas pela variabilidade e pelas alterações induzidas pelo clima. Este estudo procurou examinar a principal variável climática, a precipitação, e o seu impacto na produção de cereais, concentrando-se principalmente nas zonas rurais de Ebinat woreda, utilizando a precipitação mensal, sazonal e anual e a quantidade de cereais colhidos durante as principais épocas de cultivo. Além disso, o estudo teve como objetivo identificar as alterações climáticas locais e as práticas de adaptação seguidas pelos agricultores locais em resposta aos impactos da variabilidade meteorológica induzida pelas alterações climáticas.

1.7.   Quadro concetual

Conceptualmente, a variabilidade da precipitação, definida como o grau em que as quantidades de precipitação variam numa área ou ao longo do tempo, é uma caraterística importante do clima de uma área. Existem dois tipos (ou componentes) de variabilidade da precipitação, a areal e a temporal. O estudo desta última é importante para compreender a variabilidade climática e o seu impacto na produção e produtividade das culturas.

A variabilidade temporal da precipitação refere-se à variação das quantidades de precipitação num determinado local ao longo de um intervalo de tempo. Esta pode ser medida através da variabilidade intra-anual e inter-anual.

Variabilidade intra-anual ou sazonal da precipitação definida através de uma distribuição "normalizada" da precipitação média mensal ao longo do ano.

A segunda medida de variabilidade temporal que foi discutida é a variabilidade inter-anual. Corresponde ao grau em que a precipitação total anual da zona de estudo difere de ano para ano.

Como já foi referido várias vezes, a variabilidade climática afecta a produção agrícola. O seu impacto também é sentido pelos agricultores, principalmente no "momento, frequência e intensidade dos fenómenos de precipitação, e na distribuição desses fenómenos numa estação de crescimento". Mais importante ainda, a variabilidade climática afecta as estratégias de adaptação que as potenciais vítimas adoptam. As estratégias de adaptação que os agricultores locais adoptam também determinam a produtividade de uma zona.

Em geral, o quadro concetual apresentado abaixo incorpora quatro variáveis que afectam negativamente a produção e a produtividade das culturas, que por sua vez determinam a produção e a produtividade das culturas numa área. Estas são a variabilidade inter-anual da precipitação, a variabilidade intra-anual da precipitação, a perceção dos agricultores e as estratégias de adaptação aos impactos da variabilidade climática.

I.   Variabilidade intra-anual da precipitação marcada pelo ciclo de estações húmidas e secas: demasiada água numa estação seguida de pouca noutra.

II.   A variabilidade interanual da precipitação pode ser causada por fenómenos periódicos que ocorrem com pouca frequência e a intervalos irregulares, como o El Nino, ou por alterações climáticas a mais longo prazo

III.   A perceção do agregado familiar engloba a sensibilização/conhecimento, a educação e o acesso à informação através do apoio institucional, do contacto com o pessoal da extensão (DAs) e amigos.

IV.   As práticas de adaptação dos agregados familiares incluem a adaptação física, a gestão da fertilidade do solo, a conservação do solo e da água

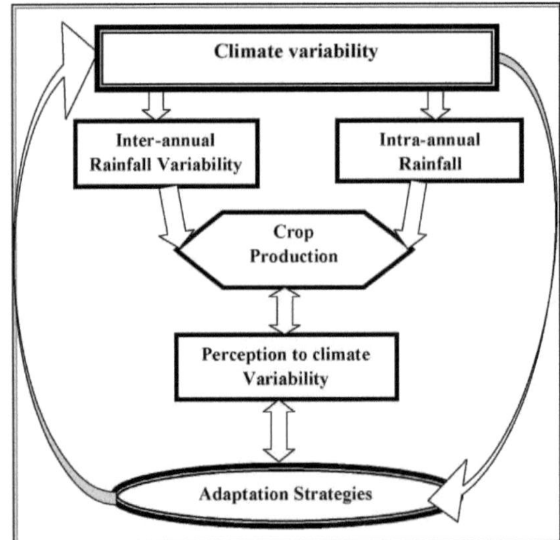

Own source

Figura 1.1 Quadro concetual

CAPÍTULO 2

Revisão da literatura

2.1. Alterações climáticas e agricultura

[th]Foi observado um aquecimento global invulgar no final do século XX e no início do século XXI. A Organização Meteorológica Mundial confirmou que 2005 e 1998 foram os dois anos mais quentes de que há registo. Um aumento da temperatura global conduzirá a alterações climáticas globais (Houghton, 2009). O IPCC (2001) definiu as alterações climáticas como qualquer mudança no clima ao longo do tempo, quer devido à variabilidade natural, quer devido à atividade humana.

Embora o clima da Terra tenha mudado rapidamente ao longo de escalas temporais geológicas, as alterações climáticas recentes foram provavelmente aceleradas pelas actividades humanas (Pittock, 2009). Além disso, o Relatório de Avaliação de 2007 do Painel Intergovernamental sobre as Alterações Climáticas (PIAC) afirmava com veemência que as alterações climáticas antropogénicas estão a ocorrer e que são provavelmente o problema ambiental mais complexo e difícil que o mundo enfrenta atualmente (Owing et.al. 2010). Além disso, durante a reunião do Fórum de Parceria Africana (8th), sugeriu-se que as alterações climáticas deixaram de ser vistas como uma questão ambiental para se tornarem uma ameaça crescente ao desenvolvimento, tanto para os países de baixos rendimentos, que estão mal equipados para se adaptarem a riscos climáticos em rápida mutação, como para as economias mais desenvolvidas, onde a sustentabilidade também estaria em risco (APF, 2007).

No entanto, é consensual que os países economicamente em desenvolvimento e vulneráveis serão os mais afectados, sendo menos capazes de se adaptar às futuras alterações climáticas (Williams et al. 2011). De todas as regiões em desenvolvimento, a África será provavelmente a mais afetada pelas pressões climáticas e é altamente vulnerável aos impactos das alterações climáticas (UNFCCC, 2007). A África Subsariana é particularmente vulnerável às alterações climáticas porque as suas sociedades e as suas economias dependem em grande medida da agricultura de sequeiro (TerrAfrica, 2009).

A agricultura constitui a espinha dorsal da maioria das economias africanas, ocupando cerca de 60 por cento da população africana. Os produtos agrícolas constituem 50 por cento das divisas e representam cerca de 20 por cento do PIB do continente (ADF, 2010). Apesar da sua contribuição significativa para o desenvolvimento socioeconómico global dos países, a agricultura africana já se encontra sob pressão devido a uma multiplicidade de factores demográficos, económicos e tecnológicos. Durante a última década, os riscos induzidos pelas alterações climáticas foram gradualmente reconhecidos como factores adicionais que exercerão uma pressão acrescida sobre a forma, a escala e o impacto espacial e temporal na produtividade agrícola (Kurukulasuriya e Rosenthal, 2003). Foi ainda descrito durante o Sétimo Fórum Africano de Desenvolvimento (2010) que a produção sazonal é maioritariamente proveniente de culturas de sequeiro e já está altamente dependente da variabilidade climática, o que afecta diretamente a produção alimentar através de alterações nas condições agro-ecológicas e afecta indiretamente o crescimento e a distribuição dos rendimentos e, por conseguinte, a procura de produção agrícola. Além disso, na África Subsariana, espera-se que cerca de 56% das culturas sejam negativamente afectadas pelas alterações climáticas até 2050 (Campbell et.al. , 2011).

É geralmente reconhecido que as alterações climáticas e a sua variabilidade constituem uma grande ameaça para o crescimento e o desenvolvimento sustentáveis em África, bem como para a realização dos Objectivos de Desenvolvimento do Milénio: é necessária uma ação urgente (APF, 2007). No entanto, a sociedade africana possui uma baixa resiliência e uma capacidade de adaptação limitada aos riscos induzidos pelas alterações climáticas devido à grande pobreza, à maior prevalência de doenças e à distribuição desigual da terra em todo o continente (IPCC, 2007).

2.2. Padrões climáticos na Etiópia

A Etiópia está localizada entre aproximadamente 4 -15^{00} N de latitude e 32 -49^{00} E de longitude, ocupando a maior parte do Corno de África. O país cobre uma área terrestre de cerca de 1,1 milhões de km^2 (EPA, 2012). O país tem uma topografia complexa, com altitudes que variam de 126 m abaixo do nível do mar (Kobar Sink, Afar Depression) a 4620 m acima do nível do mar nas terras altas do norte (em Ras Dejen) (Jonathan, 2007).

O clima da Etiópia é controlado principalmente pela migração sazonal da Zona de Convergência Intertropical (ZCIT) e pelas circulações atmosféricas associadas, bem como pelas diversas caraterísticas topográficas do país (Jonathan, 2007)

A Etiópia pode ser dividida em cinco zonas climáticas, com base na altitude e na temperatura, nomeadamente: wurch (clima frio a mais de 3000 Mts. de altitude), Dega (clima temperado - terras altas com 2500-3000 Mts.), woina dega (quente - 1500-2500), Kola (tipo quente e árido, menos de 1500m de altitude) e Berha (tipo quente e hiper-árido). A classificação em função dos regimes de precipitação mostra a presença de climas monomiais, bimodais e difusos. A consideração do índice de humidade mostra que grande parte do país se enquadra em climas semi-áridos e áridos (NMSA, 2001).

As provas históricas mostram que a Etiópia tem estado sujeita a elevados graus de variabilidade climática e a fenómenos meteorológicos extremos durante vários séculos. Jonathan (2007) afirmou que as crónicas reais detalhadas e os relatos de viajantes estrangeiros na Abissínia sublinharam claramente a gravidade e a regularidade das secas no passado.

Vários estudos sobre as tendências climáticas nacionais desde a década de 1960 também mostraram que as temperaturas médias anuais na Etiópia aumentaram entre 0,5 e 1,3°C (ACCRA, 2011). A precipitação, por outro lado, manteve-se relativamente estável nos últimos 50 anos, quando calculada a média do país (Sherman et.al., 2013), embora tenha sido observada uma tendência decrescente no Norte e Sudoeste da Etiópia (IPCC, 2007).

2.3. Variabilidade da precipitação e suas tendências na Etiópia

As regiões tropicais africanas propensas à seca caracterizam-se por uma elevada variabilidade da precipitação sazonal e anual no tempo e no espaço. Do mesmo modo, a precipitação na Etiópia é caracterizada por um elevado grau de variabilidade tanto no tempo como no espaço. É altamente errática e a maior parte da chuva cai com elevada intensidade (Robinson et al., 2013).

A NMSA (2001) referiu que, ao contrário da maioria das regiões tropicais, onde as estações são monomodais (uma estação húmida), existem três estações principais na Etiópia, nomeadamente, Bega (outubro-janeiro), uma estação seca, Belg (fevereiromaio), uma estação de chuva curta, e Kiremt (junho-setembro), uma estação de chuva longa. A Etiópia recebe a maior parte da sua chuva entre março e setembro. As chuvas começam no sul e no centro do país durante a estação de Belg, avançando depois para norte, com o centro e o norte da Etiópia a receberem a maior parte da sua precipitação durante a estação de Kiremt (NMSA, 2007).

A NMSA (1996) indicou ainda que as variações sazonais e anuais da precipitação resultam dos sistemas de pressão em macro-escala e dos fluxos das monções que estão relacionados com as mudanças nos sistemas de pressão. Como indicado acima, a distribuição espacial da precipitação também é significativamente influenciada pelas caraterísticas topográficas complexas do país (Williams et al., 2011). Por exemplo, a precipitação média anual é elevada nalgumas zonas de bolso no Sudoeste (2000 mm) e muito baixa nas terras baixas de Afar no Nordeste e em Ogaden no Sudeste (250 mm). A precipitação diminui para norte e para leste a partir das zonas de bolso com elevada precipitação no sudoeste (NMSA, 2001).

Vários estudos relataram que foram observadas tendências de declínio da precipitação em partes do país (Sileshi e Zanke, 2004), (FEWS , 2003) e (Funk et.al., 2012). Por exemplo, Sileshi e Zanke (2004) registaram um declínio significativo recente nas precipitações anuais e kiremt no leste, sul e sudoeste da Etiópia. No entanto, verificaram que não havia uma tendência significativa nos totais de precipitação anual e sazonal no centro, norte e noroeste da Etiópia. Por outro lado, a FEWS (2003) detectou uma clara tendência descendente na precipitação desde 1984 nas terras altas centrais para o período 1961-1996. Entre meados da década de 1970 e finais da década de 2000, a precipitação em Belg e Kiremt diminuiu 15-20% em partes do sul, sudoeste e sudeste da Etiópia (Funk et al., 2012).

2.4. Actividades agrícolas na Etiópia

Pensa-se que a Etiópia tem um recurso considerável de terra para a agricultura. Da área total de 1,1 milhões de hectares, estima-se que cerca de 73,6 milhões (66%) sejam potencialmente adequados para a produção agrícola (MoFED, 2007). Do total de terras adequadas para a agricultura, estima-se que as terras cultivadas sejam de 16,5 milhões de hectares (22%).

O sistema agrícola na Etiópia pode ser classificado em cinco categorias principais, nomeadamente o sistema agrícola misto das terras altas, a agricultura mista das terras baixas, o sistema pastoral, a agricultura itinerante e a agricultura comercial (Degefe e Berhanu, 2000).

As terras altas da Etiópia constituem cerca de 45% da área total e são habitadas por quatro quintos da população. As terras altas são adequadas para o crescimento de uma vasta gama de culturas tropicais, subtropicais e temperadas. Enquanto as zonas áridas e semi-áridas das planícies são zonas de pastagem (NMSA, 2001).

De acordo com os resultados do inquérito por amostragem à agricultura etíope de 2011/12, com exceção da população não sedentária de três zonas das regiões de Afar e de seis zonas das regiões da Somália, a superfície total das explorações camponesas privadas foi estimada em mais de 17,5 milhões de hectares e explorada por mais de 14,3 milhões de famílias agrícolas e cerca de 14,8 milhões de produtores. Os resultados do inquérito indicaram igualmente que a dimensão média das explorações por família e por titular era de 1,22 e 1,19 hectares, respetivamente (CSA, 2012).

2.4.1. Produção vegetal

A diversidade climática do país e as múltiplas utilizações das culturas levaram a grande maioria dos agricultores a cultivar várias culturas temporárias e permanentes. Apesar da variação no volume de produção, a importância relativa e o padrão de crescimento destas culturas são largamente semelhantes em muitas das regiões (CSA, 2002).

As culturas temporárias são culturas que são cultivadas em menos de um ano, por vezes apenas alguns meses, com o objetivo de semear ou replantar novamente para produção adicional após a colheita atual. Os cereais, as leguminosas, as oleaginosas, os produtos hortícolas e as culturas sachadas estão incluídos nas culturas temporárias. As culturas permanentes são culturas que são cultivadas e ocupam a terra durante um longo período, não necessitando de ser replantadas durante vários anos após cada colheita. Todas as árvores de fruto (por exemplo, laranjeiras, tangerineiras, bananeiras, etc.) e as culturas arbóreas (por exemplo, café, chá, etc.) são consideradas culturas permanentes (CSA, 2002).

O país tem geralmente duas estações de produção que coincidem com as duas estações chuvosas e desempenham um papel significativo no desempenho da agricultura de sequeiro, Belg e Meher. A estação de Meher refere-se à estação chuvosa longa, que normalmente ocorre de junho a setembro, enquanto a estação de Belg se refere à estação chuvosa pequena, que normalmente ocorre de fevereiro a maio (CSA, 2002). A estação de Meher contribui com 90-95 por cento da média anual da produção agrícola nacional, enquanto os restantes 5 a 10 por cento da produção agrícola global do país provêm da estação de Belg (CSA, 2013). Embora uma grande parte do país seja dominada pela principal estação chuvosa, as pequenas estações chuvosas são vitais para a preparação da terra, para a cultura do café, que floresce durante este período e para a regeneração das pastagens utilizadas para alimentar o gado (EIAR e NMA, 2009).

Nos sistemas agrícolas etíopes, as culturas mais comummente cultivadas pela maioria dos camponeses foram categorizadas em oito grupos. Os grupos são os cereais, as leguminosas, as oleaginosas, os produtos hortícolas, as culturas de raízes, as culturas frutícolas, as culturas estimulantes e a cana-de-açúcar. As culturas de grãos constituem as principais culturas alimentares para a maioria da população do país e serviram como fonte de rendimento a nível familiar e contribuíram para as receitas em moeda estrangeira do país. As culturas de grãos referem-se à principal categoria de culturas que inclui cereais, leguminosas e oleaginosas (CSA, 2013).

As principais conclusões do inquérito de 2012/13 (CSA) indicaram que, durante as épocas de Meher e Belg, uma área total de 13 477 981,35 hectares foi coberta por culturas de cereais, das quais um volume total de cerca de 240 820 981,81 quintais de cereais, ou seja, cereais, leguminosas e oleaginosas obtidos em explorações camponesas privadas. Em termos de áreas de terra e volume de produção, o teff, o milho, o sorgo, o trigo e a cevada estão entre a categoria de culturas de cereais que são amplamente cultivadas em toda a Etiópia, porque são as principais culturas de base do país (Chamberlin e Schmidt, 2011).

O teff é o alimento básico preferido em grande parte das terras altas (Chamberlin e Schmidt, 2011). Mais do que qualquer outra cultura, o Teff é responsável por 22,23% de todas as terras cultivadas (CSA 2013). Embora tradicionalmente cultivado nas terras altas, pode ser cultivado numa grande variedade de condições agro-climáticas, incluindo elevações de zero a 2.800 metros acima do nível do mar, sob uma variedade igualmente grande de humidade, temperatura e condições do solo (Chamberlin e Schmidt, 2011). Além disso, a CSA (2013) informou que o milho, o sorgo e o trigo ocuparam 16,39%, 13,93% e 13,25% da área de cultivo de cereais, respetivamente. Quanto à produção, o inquérito mostra um resultado semelhante ao da área. O teff, o milho, o trigo e o sorgo representaram 26,63%, 16,28%, 14,85% e 15,58% da produção de cereais, pela mesma ordem.

Os resultados da contagem da amostra agrícola da Etiópia indicaram que as culturas de cereais produziam em maior volume do que as outras culturas na região de Amhara. Os resultados mostraram que 76,78% da área de cultivo geral de cereais era ocupada por cereais e 82,38% da produção de cereais. De todas as áreas cultivadas com cereais, o teff, o sorgo e a cevada absorveram 26,03%, 13,56% e 11,36%, produzindo 21,01%, 15,58% e 9,95% da produção regional de cereais, respetivamente (CSA, 2002).

A agricultura de subsistência é a principal atividade económica do Estado Regional Nacional de Amhara. Caracteriza-se por um sistema agrícola misto em que a produção vegetal e a criação de gado são praticadas em simultâneo pelas famílias de agricultores. A produção vegetal representa a parte de leão dos rendimentos anuais das famílias. Devido às condições agro-ecológicas variadas que prevalecem na região, são produzidos diferentes tipos de culturas: cereais, leguminosas, sementes oleaginosas e culturas hortícolas (Bewket, 2009)

Na zona sul de Gondar, onde este estudo foi efectuado, 71,52% da área de cultivo de cereais e 76,26% da produção foram destinados a cereais. O teff e a cevada cobriram 29,17% e 10,25% da área de cultivo de cereais, produzindo 24,97% e 10,39% da produção de cereais, respetivamente. O volume de milho produzido na zona (15,80%) foi superior ao da cevada (10,39%) (CSA, 2002).

Em geral, 67% dos cereais produzidos no país foram utilizados para consumo doméstico. Cerca de 14% e 15% foram utilizados para sementes e venda, respetivamente. Os restantes 4% dos cereais produzidos foram utilizados para outros fins, como salários, alimentação animal, etc. (CSA, 2002)

2.5. A importância do sector agrícola para a economia do país

Como já foi referido, o sector agrícola, que inclui todas as actividades económicas, desde o fornecimento de insumos agrícolas, a agricultura e o valor acrescentado, é, na Etiópia, o pilar da economia em termos de receitas em divisas e de emprego, bem como de contribuição para o produto interno bruto (EIAR e NMA, 2009).

Os agricultores subsistentes de pequena escala dominam a produção de culturas (EPA, 2012) e (EIAR e NMA, 2009). No ano de 2003/04, a produção agrícola representou, por si só, 60% do crescimento global do PIB (Mwanakatwe e Barrow, 2010). O principal produto de exportação é o café, com uma quota de 35,7% do total das exportações de mercadorias em 2006/07, seguido das sementes oleaginosas (15,8%), do chat (7,8%), do couro e artigos de couro (7,5%) e das leguminosas (Banco Mundial, 2010). No entanto, o crescimento deste sector, tal como o crescimento económico do país, esteve estagnado durante décadas (EPA, 2012).

O Ministério das Finanças e do Desenvolvimento Económico (MoFED, 2006) informou que o sector agrícola teve um forte desempenho nos últimos 10 anos, registando um crescimento médio de 8%. Embora a produção agrícola tenha aumentado, a produtividade agrícola permanece consideravelmente baixa. A expansão da produção agrícola tem sido impulsionada por aumentos na área de terra cultivada, em vez de grandes melhorias na produtividade (Mwanakatwe e Barrow, 2010)

O Banco Mundial (2010), Mwanakatwe e Barrow (2010) e a EPA (2012) assinalaram que o atual governo da Etiópia deu prioridade máxima ao sector agrícola e tomou uma série de medidas para aumentar a produtividade neste sector. O Plano de Crescimento e Transformação (2011-2015), publicado pelo Ministério das Finanças e do Desenvolvimento Económico, descreve as estratégias de crescimento previstas para 5 anos. O sector agrícola foi identificado como um dos principais motores do crescimento. Por conseguinte, a estratégia governamental tem-se centrado num grande esforço para apoiar a intensificação dos produtos agrícolas comercializáveis, tanto pelos pequenos como pelos grandes agricultores (Banco Mundial, 2010). No entanto, o relatório do Banco Mundial (2010) sugeriu que, em climas futuros, muitas regiões da Etiópia enfrentariam uma diminuição da produção agrícola. O relatório indicava que a produção agrícola, enquanto motor de crescimento, é vulnerável às alterações climáticas e à variabilidade climática.

2.6. Os impactos da variabilidade climática na agricultura etíope

A variabilidade climática refere-se a variações no estado médio e noutras estatísticas (como os desvios-padrão, a ocorrência de extremos, etc.) do clima em todas as escalas temporais e espaciais para além dos fenómenos meteorológicos individuais. A variabilidade pode ser devida a processos internos naturais do sistema climático (variabilidade interna) ou a variações nas forças externas naturais ou antropogénicas (variabilidade externa) (IPCC, 2001).

Durante o último século, a variabilidade climática da Etiópia e as consequentes crises agrícolas e socioeconómicas têm atraído continuamente a atenção mundial (EIAR e NMA, 2009). O relatório do Banco Mundial (2010) mostra que a variabilidade climática irá aumentar em todos os cenários. Uma vez que a agricultura (o sector mais sensível ao clima da economia) continuará provavelmente a ser, durante algum tempo, um dos principais motores de crescimento da Etiópia, os choques induzidos pelo clima continuarão a constituir uma ameaça para a estabilidade macroeconómica, devido aos impactos no rendimento, no emprego, nas receitas fiscais, na formação de capital, na drenagem das despesas públicas, nos fluxos de ajuda para apoiar a assistência a catástrofes, etc.

As alterações climáticas provocam uma maior variabilidade meteorológica, que se traduz em grandes oscilações na taxa de crescimento do Produto Interno Bruto Agrícola (PIB agrícola) (Banco Mundial 2010). Por exemplo, uma variação de 1 por cento na precipitação média anual está associada a uma variação de 0,3 por cento no PIB real nos níveis do ano seguinte (Mwanakatwe e Barrow, 2010).

A figura 2, apresentada a seguir, mostra que a percentagem do PIB agrícola segue de perto os padrões da precipitação e que a percentagem do PIB agrícola flutua ao longo dos anos. A contribuição percentual da agricultura para o PIB é muito baixa em anos de seca grave, de quebra de colheitas e de fome (1984/1985, 1994/1995, 2000/2001), em comparação com épocas mais favoráveis (1982/83, 1990/91).

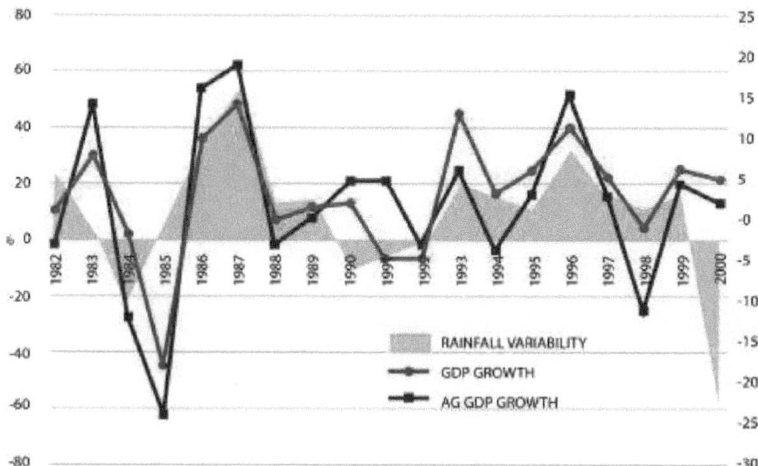

Figura 2.1 Crescimento económico e clima

Fonte: Banco Mundial (2010)

Apesar do potencial do país para cultivar diversos tipos de culturas, uma boa colheita depende em grande parte de boas condições climatéricas, ausência de pragas e doenças, condições de fertilidade do solo, disponibilidade de força animal e mão de obra. No entanto, os caprichos do clima, especialmente a precipitação, têm um grande impacto na produtividade das culturas em qualquer época de cultivo, particularmente nas áreas semi-áridas onde a variabilidade é muito caótica (DCRS, 2000). De acordo com Von Braun (1991), por exemplo, uma diminuição de 10% na precipitação sazonal em relação à média a longo prazo traduz-se geralmente numa diminuição de 4,4% na produção alimentar do país.

Na Etiópia, o início e o fim das chuvas e os seus padrões de distribuição e a duração, frequência e probabilidade de períodos de seca na estação de crescimento são elementos-chave que afectam o planeamento, o desempenho e a gestão das operações agrícolas (Ayalew et al., 2012). As quantidades e distribuições anormais de precipitação contribuem geralmente para a pobreza, tanto diretamente, através de perdas reais devido a choques de precipitação, como indiretamente, através de respostas à ameaça de crise. Os impactos diretos ocorrem particularmente quando a ocorrência de sucessivos períodos de seca durante a estação de crescimento leva a colheitas fracas e/ou a uma completa

quebra de colheitas e escassez de pastagens e de alimentos para animais. Tais condições extremas resultam finalmente em seca, com o consequente esgotamento de activos, vulnerabilidade social, migração em massa e perda de vidas (EIAR e NMA, 2009). Por conseguinte, a produção agrícola no país é vulnerável ao efeito da falta de chuvas ou à ocorrência de sucessivos períodos de seca durante as estações de crescimento, que muitas vezes conduzem à escassez de alimentos. Embora a escassez de alimentos resultante de condições climáticas adversas não seja nova neste país, a sua gravidade aumentou e tem havido carências frequentes nos últimos anos

O IPCC (2007) prevê uma redução de 50 por cento do rendimento até 2020 e uma queda de 90 por cento das receitas líquidas das culturas até 2100 em regiões agrícolas já marginais. Na Etiópia, prevê-se que a variabilidade climática reduza o rendimento da cultura de base do trigo em 33% e que, nas próximas décadas, represente uma séria ameaça para vários sectores económicos e sociais do país (EPA, 2012).

2.7. Adaptações à variabilidade e às alterações climáticas

Os países em desenvolvimento são os mais vulneráveis aos impactes das alterações climáticas porque têm menos recursos para se adaptarem: social, tecnológica e financeiramente. Por conseguinte, a adaptação às alterações climáticas nestes países é vital, tendo sido destacada por eles como tendo uma prioridade elevada ou urgente (UNFCCC, 2007).

De acordo com o Programa de Impacto Climático do Reino Unido (UKCIP, 2004), o termo adaptação é definido como o processo ou resultado de um processo que conduz a uma redução dos danos ou do risco de danos, ou à realização de benefícios associados à variabilidade climática e às alterações climáticas.

A adaptação tornou-se uma questão importante nos debates internacionais e nacionais sobre as alterações climáticas (Levina e Tirpak, 2006). Até cerca de 2000, o debate sobre o clima centrava-se exclusivamente na atenuação, ou seja, a prevenção dos impactos a longo prazo nos sistemas climáticos do planeta era procurada através da redução das emissões de gases com efeito de estufa. Desde então, a adaptação às alterações climáticas é cada vez mais reconhecida como uma medida complementar necessária à atenuação (APF, 2007) e a urgência da adaptação é sublinhada pelas projecções dos três relatórios elaborados pelo IPCC em 2007.

A adaptação é certamente uma componente importante de qualquer resposta política às alterações climáticas no sector agrícola, porque a agricultura é inerentemente sensível às condições climáticas e é um dos sectores mais vulneráveis aos riscos e impactos das alterações climáticas globais (Reilly et.al. , 1994). Os estudos demonstraram que, sem adaptação, as alterações climáticas são geralmente problemáticas para a produção agrícola e para as economias e comunidades agrícolas; mas, com a adaptação, a vulnerabilidade pode ser reduzida e existem numerosas oportunidades a concretizar (Smith e Lenhart, 1996).

Há um grande número e variedade de medidas ou acções que podem ser empreendidas na agricultura para se adaptar às alterações climáticas (Reilly et al, 1994). Entre as opções de adaptação importantes no sector agrícola contam-se: a diversificação das culturas, os sistemas mistos de agricultura e pecuária, a utilização de diferentes variedades de culturas, a alteração das datas de plantação e de colheita e a mistura de variedades menos produtivas e resistentes à seca com culturas de elevado rendimento sensíveis à água (Bradshaw et.al. , 2004). Reilly et al, (1994) argumentaram que a combinação correta de adaptações tem o potencial de reduzir significativamente a magnitude dos potenciais impactos adversos na produção agrícola (Reilly et al, 1994).

É também evidente que, embora as opções de adaptação sejam numerosas, devem ser específicas do local e do sector e refletir numerosas regras de decisão. De facto, como defendem Burton e Lim (1996), as decisões sobre as medidas de adaptação a adotar não são tomadas isoladamente por indivíduos, agregados familiares ou comunidades agrícolas rurais, mas no contexto de uma sociedade e de uma economia política mais vastas (Burton e Lim, 2005). Sugeriram também que a discussão das opções de adaptação se baseia em medidas adequadas a curto e longo prazo.

Rosegrant et.al (2008) sugeriram que a compreensão dos potenciais impactes das alterações climáticas em toda a economia de um determinado país é fundamental para a conceção de estratégias nacionais de adaptação, bem como para a formulação de acordos globais eficazes em matéria de política climática. Os países em desenvolvimento precisam particularmente de adaptar as políticas de adaptação para compensar os impactes específicos que prevêem. A quantificação do impacte das alterações climáticas na economia em geral pode ser crucial para orientar uma política adequada (Gebreegziabher et.al. , 2011).

A Etiópia criou recentemente um fórum nacional sobre as alterações climáticas e uma rede da sociedade civil sobre as alterações climáticas, tendo apresentado à Convenção-Quadro das Nações Unidas sobre as Alterações Climáticas um programa de ação nacional de adaptação (NAPA) e um plano de ação nacional de atenuação adequado (NAMA). Os impactos da atual variabilidade climática, identificados no documento NAPA, incluem insegurança alimentar devido a secas e inundações; surtos de doenças, como a malária e doenças respiratórias e transmitidas pela água; e degradação dos solos devido a chuvas intensas (Gebreegziabher et.al. 2011).

O Plano de Crescimento e Transformação tem como objetivo "prosseguir os esforços em curso para melhorar a produtividade da agricultura de forma sustentável, a fim de garantir o seu lugar como motor do crescimento (Banco Mundial, 2010). Por conseguinte, a gestão da terra e da água são preocupações centrais na Etiópia, que está sujeita a extremos de seca e inundações. Os seminários locais de desenvolvimento participativo de cenários (PSD) identificaram a reabilitação dos solos e das florestas, a irrigação e a recolha de água, a melhoria das técnicas agrícolas e das variedades resistentes à seca, a educação e os direitos de utilização das terras para os pastores como preferências de adaptação (Banco Mundial, 2010).

No entanto, a adaptação às alterações climáticas custará dinheiro, tempo, esforço e mudanças na forma como e porquê fazemos as coisas. A adaptação exigirá normalmente planeamento e investimento em novas técnicas, novas infra-estruturas e/ou novos hábitos e estilos de vida ((Pittock, 2009). De acordo com o IPCC (2001), o custo de adaptação refere-se aos custos de planeamento, preparação, facilitação e aplicação de medidas de adaptação, incluindo os custos de transição.

O financiamento é vital para que os países em desenvolvimento possam planear e implementar planos e projectos de adaptação. Todos os países, ricos e pobres, têm de se adaptar às alterações climáticas, o que será dispendioso. Os países em desenvolvimento, que já são os mais afectados pelas alterações climáticas, têm pouca capacidade de adaptação (UNFCCC, 2007). De acordo com o recente relatório do IPCC, o custo da adaptação em África poderá atingir 5 a 10% do PIB do continente. É necessário encontrar formas e meios financeiros que permitam aos países em desenvolvimento intensificar os seus esforços de adaptação (CQNUAC, 2007).

A Conferência das Partes da CQNUAC, na sua sétima sessão (COP 7 da CQNUAC), decidiu que os países menos desenvolvidos, incluindo a Etiópia, devem receber apoio para responder às necessidades e preocupações urgentes e imediatas relacionadas com a adaptação aos efeitos adversos das alterações climáticas (NAPA). O LDCF apoia uma abordagem de adaptação baseada na aprendizagem pela ação.

É evidente que a agenda da adaptação é muito vasta. Grande parte da ação necessária é a nível local e a sua natureza precisa depende muito das circunstâncias locais (Rosegrant et al, 2008). As estratégias locais de adaptação e os conhecimentos tradicionais devem ser utilizados em sinergia com as intervenções governamentais e locais (UNFCCC, 2007). Há também muito que pode ser feito a nível nacional com apoio internacional para facilitar e promover a adaptação a nível local (Rosegrant et al.,

2008).

O planeamento da adaptação e a aplicação de uma política de adaptação bem direcionada exigirão recursos que ultrapassam a capacidade da maioria dos governos das regiões em desenvolvimento. Além disso, a falta de sensibilização ou mesmo a relutância em tomar medidas constituem outros obstáculos à adaptação (Rosegrant et al., 2008). O mesmo acontece na Etiópia, para além do elevado nível de pobreza,

- Falta de um mecanismo de coordenação forte e de ligações inter-sectoriais a vários níveis administrativos, bem como de comités federais interespectrais envolvidos em questões ambientais e de desenvolvimento.

- O baixo nível de literacia e sensibilização do público para o ambiente são alguns dos principais obstáculos à maximização dos ganhos de adaptação às alterações climáticas das iniciativas nacionais em curso e planeadas - planos de ação, políticas e projectos de adaptação (EPA, 2012).

CAPÍTULO 3

Descrição da área de estudo e da metodologia de investigação

3.1. Descrição da área de estudo

3.1.1. Contexto físico

Ebinat woreda é uma das onze weredas da Zona Sul de Gonder, Estado Regional Nacional de Amhara. O woreda está situado entre 110 59[1] e 120 33[1] latitudes norte e 370 54[1] e 380 28[1] longitudes leste. O woreda de Ebinat está situado na parte oriental da zona de South Gonder e faz fronteira a norte com a zona de North Wello, a zona de North Gonder a oeste, as weredas de Lay Gayint e Farta a sul e o woreda de Libo Kemkem a sudoeste. A área total do woreda é de cerca de 249 837,6 km .[2]

Com base na temperatura, precipitação, altitude e vegetação, o woreda é categorizado em zonas agro-ecológicas de Dega, Woina Dega e Kolla. O woreda de Ebinat tem 33 kebeles rurais e uma urbana. Das quais cinco kebeles se encontram em dega, 11 kebeles em weynadega e 18 kebeles em zonas agro-ecológicas de kola. A sua altitude varia entre 700 e 2800 metros acima do nível do mar. A precipitação média anual do woreda é de 1341 mm e a temperatura média mínima e máxima é de 23^0 e 30^0 c. (Gabinete de Informação e Comunicação da Zona Sul de Gondar).

As caraterísticas topográficas do woreda são caracterizadas por desfiladeiros e terrenos acidentados, montanhas e planícies. Cerca de 45% da área terrestre é constituída por montanhas, enquanto a proporção da área total classificada como desfiladeiros e terrenos acidentados constitui cerca de 40%. Os restantes 15% da terra são considerados planícies.

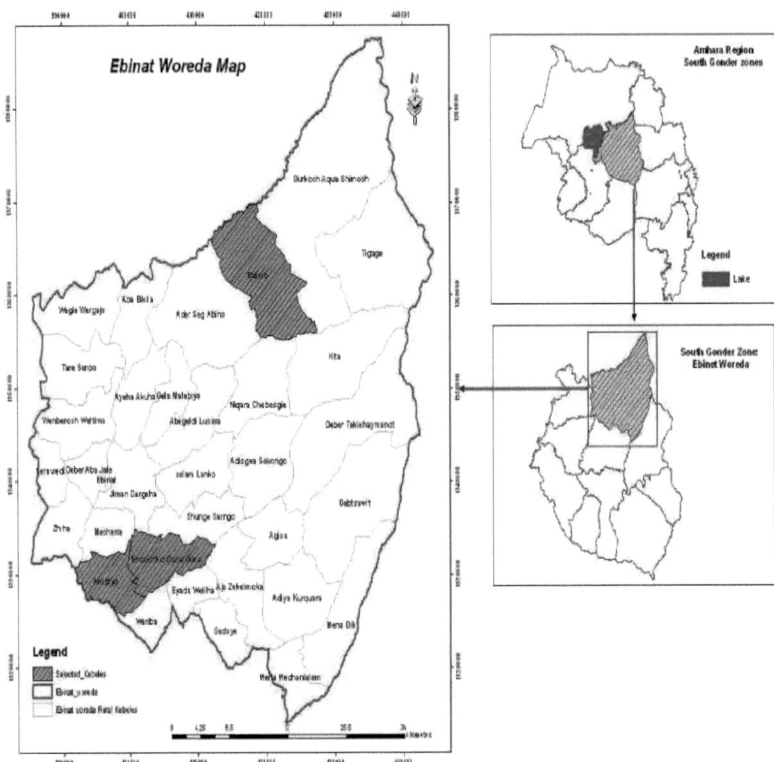

Figura 3.1 Mapa de Ebinat Woreda no contexto zonal

Fonte: CSA 2007

3.1.2   Contexto socioeconómico

O censo nacional de 2007 registou uma população total de 220.177 habitantes para o woreda, dos quais 112.151 eram homens e 108.026 eram mulheres. Consequentemente, a residência rural constituía cerca de 208.175, dos quais 106.585 eram homens e 101.590 eram mulheres.

A agricultura é a principal estratégia de subsistência da área de estudo, em que o padrão sazonal de precipitação determina a atividade de produção. Mais de 90 por cento dos

A população depende da agricultura de subsistência como estratégia de subsistência. As principais culturas cultivadas em Ebinat woreda incluem teff, trigo, sorgo, ervilhas, feijões e feijão. Os cereais são as culturas mais dominantes na área, representando mais de 70% em 1999 (SERA, 2000). A Agência Central de Estatística (CSA, 2002) informou que a área total coberta por culturas de cereais no woreda era de 39.730,98 hectares, onde 41.983 camponeses privados estavam envolvidos na atividade de

22

produção. Da área total coberta por culturas de cereais, 344 708,02 quintais de produção foram obtidos durante a colheita da época de Meher.

3.2. Metodologia de investigação

3.2.1. Conceção da amostragem

A base de amostragem para este estudo específico foram as famílias rurais que se encontram em três zonas agro-ecológicas de Ebinat woreda. Foram utilizadas técnicas de amostragem probabilísticas e não probabilísticas com base na natureza dos instrumentos de recolha de dados primários para representar o woreda em termos de aspectos biofísicos, agrícolas e sociais.

A fim de selecionar as amostras representativas dos agregados familiares, o estudo utilizou a técnica de amostragem estratificada em várias fases. Como Unidade Primária de Amostragem (PSU), os Woredais foram estratificados em zonas agro-ecológicas tradicionais, nomeadamente: Dega (terras altas), Woyna Dega (terras médias) e Kola (terras baixas). Em seguida, os kebeles rurais foram categorizados de acordo com a zona agro-ecológica em que se situam. Em seguida, foram selecionados aleatoriamente três kebele rurais (Embacheko Guna Guna, Amistya e Balarb), ou seja, um kebele de cada zona agro-ecológica.

Como unidade secundária de amostragem (SSU), foi selecionada uma área de enumeração (EA) de cada zona, utilizando a técnica de amostragem intencional em consulta com os especialistas em cartografia da Agência Central de Estatística (CSA).

Nos Kebeles estratificados, porque a sua divisão não foi efectuada com base no clima, existe novamente uma ligeira diferença na zona climática. Por conseguinte, não existe uma kebele puramente Dega, Weynadega e kola que mostre a diferença entre as zonas em termos de variabilidade sazonal e anual da precipitação, produção e produtividade das culturas, exposição dos agricultores a secas frequentes e práticas de adaptação locais. Para alguns destes factores, foram escolhidas para o estudo áreas de enumeração que são mais homogéneas em termos da sua zona agro-ecológica e condição socioeconómica. Além disso, a obtenção de dados sem omissão e duplicação do local de estudo é a outra vantagem de utilizar o mapa das ZAs propositadamente. Trata-se, por conseguinte, de técnicas apropriadas para ter uma compreensão profunda do impacto da variabilidade da precipitação nas culturas e nas práticas de adaptação dos agricultores da área de estudo. Assim, os limites de todas as ZAs selecionadas foram delineados e, em seguida, foi feita uma listagem dos agregados familiares dentro dos limites de cada ZA. Na terceira fase, os agregados familiares agrícolas alvo foram selecionados sistematicamente a partir da nova listagem dos agregados familiares

Note-se que a CSA efectuou um extenso trabalho cartográfico em todo o país para preparar mapas de AE para o Censo da População e Habitação de 2007. Assim, entre as AE rurais que foram preparadas para todos os kebeles rurais de Ebinat woreda, foram recolhidos junto da CSA três mapas de áreas de enumeração específicos para os locais de estudo.

3.2.2. Determinação da dimensão da amostra

A dimensão da amostra para este estudo foi determinada tendo em conta tanto o nível de precisão exigido, que reforça o domínio mais importante das estimativas, como a capacidade de gestão do estudo em termos de qualidade e de controlo operacional. Por conseguinte, a dimensão da amostra da área de estudo foi calculada utilizando as seguintes fórmulas de determinação da dimensão da amostra. A fórmula foi a seguinte: (Cochran, 1963).

$$n_0 = \frac{Z^2 pq}{e^2}$$

Onde: -n0 é o tamanho da amostra para uma população grande (>10.000)

- Z^2 é o nível de confiança pretendido
- e^2 é o nível de precisão pretendido
- **p** é a proporção estimada de um atributo que está presente na população
- **q** é 1-p

Uma vez que Ebinat woreda tem um grande número de agregados familiares agrícolas, a variabilidade na proporção de agregados familiares inquiridos que adoptam as práticas das estratégias de adaptação existentes para o impacto da variabilidade climática não é conhecida, pelo que se assume p=.5 (variabilidade máxima). Além disso, suponha-se que o nível de confiança pretendido é de 95% e a precisão de ±5%.

A dimensão da amostra resultante é demonstrada como

$$no = \frac{Z^2 pq}{e^2} = \frac{(1.96)^2 (.5)(.5)}{(.05)^2} = 385 \text{ Households}$$

As agro-ecologias da área de estudo são diferentes em termos do número total de famílias agrícolas que abrangem. Por isso, a afetação proporcional da dimensão da amostra a cada estrato foi utilizada utilizando a seguinte fórmula

$$n_j = \frac{n}{N} N_j$$

- Onde:$-n_j$ a dimensão da amostra do estrato j
- $-N_j$ é a dimensão da população do estrato j
- $-n=n1+n_2\dots\dots\dots\dots n_k$ é a dimensão total da amostra
- $-N=N1+N2+\dots\dots\dots\dots N_k$ é o tamanho total da população

3.2.3. Regime de seleção

A fim de recolher dados sólidos necessários para alcançar os objectivos da investigação, o total de agregados familiares da amostra foi atribuído a cada estrato (zona agro-ecológica) proporcionalmente ao seu tamanho; o tamanho é o número de agregados familiares agrícolas. Consequentemente, foram cobertos os três kebeles representados por três ZE. O objetivo era selecionar agregados familiares representativos de cada AE. Finalmente, utilizando o método de amostragem aleatória sistemática, os agregados familiares alvo foram identificados a partir da nova listagem de agregados familiares que foi efectuada nas ZE (Ver Quadro 3.1).

Quadro 3.1 Distribuição proporcional do agregado familiar da amostra por agro-ecologia

Agro-ecology	Total number of household **	Sample Households**	Kebele Name **	Selected EA No.**
Dega	8,347	68	Embacheko Guna Guna	028-08
Weynadega	15,948	130	Amistya	021-06
Kola	22,810	186	Balarb	005-05
Total	47,105	385	3	3

*Obtido a partir de CSA (2010) ** Obtido em função da técnica de amostragem acima referida

3.3. Fonte de dados

Neste estudo, existem dois conjuntos de dados, ou seja, conjuntos de dados primários e secundários. Os dados primários incluem os dados socioeconómicos da wereda e os dados sobre os mecanismos tradicionais de adaptação às alterações climáticas recolhidos junto das famílias-alvo. Os dados secundários, como os dados diários de precipitação do período 1979-2010, foram obtidos a partir do Global Weather Data for SWAT (http//global.tamu.edu). Os dados sobre a produção de culturas do período de 2004 a 2010 e outras informações relevantes foram recolhidos da prevenção de desastres da zona Sul de Gondare, e prontidão e do Gabinete Agrícola de Ebinat Woreda. Dados secundários valiosos também foram recolhidos da Agência Central de Estatística da Etiópia (CSA).

3.4. Método de recolha de dados

Foi utilizado um inquérito aprofundado aos agregados familiares através de um questionário estruturado para recolher dados socioeconómicos pormenorizados e os mecanismos de adaptação às alterações climáticas e de resposta existentes nos agregados familiares.

Antes de realizar o inquérito aos agregados familiares, o investigador identificou 15 entrevistados informadores-chave (KI) das três kebeles, ou seja, cinco de cada kebele. Estes informadores-chave (KI) entrevistados eram compostos por autoridades locais, agentes de desenvolvimento, mulheres e jovens influentes. Por conseguinte, estes informadores-chave foram entrevistados. Isto foi feito para se ter uma visão global das kebeles e gerar informação geral sobre o problema principal da investigação. Em seguida, para verificar a validade e a adequação do questionário, foi efectuado um pré-teste fora da área de enumeração das kebeles, onde foi realizado o estudo propriamente dito. Consequentemente, o questionário foi alterado.

Na sequência das alterações ao questionário principal, foram recrutados três entrevistadores com o 10º ano de escolaridade e um supervisor com um diploma e experiência anterior na prática de recolha de dados, que receberam formação intensiva durante 2 dias sobre os objectivos do estudo, o preenchimento dos questionários, as técnicas de entrevista, o tratamento dos inquiridos e a leitura dos mapas da AE. O seu supervisor também foi orientado separadamente sobre técnicas de supervisão, reentrevista e edição. A fim de recolher dados de qualidade e fiáveis, o investigador coordenou e facilitou ativamente o trabalho de campo durante os processos de recolha de dados.

3.5.   Método de análise de dados

Os dados para este estudo foram gerados através de métodos qualitativos e quantitativos. Após a edição e codificação dos dados quantitativos obtidos através do inquérito aos agregados familiares, estes foram introduzidos no computador para análise. Por fim, a análise foi efectuada utilizando programas informáticos como o ppcSTAT, o XLSTAT e o Xcel.

3.5.1.   Medida da variabilidade da precipitação

Depois de verificada a consistência e a exaustividade dos dados, as quantidades médias diárias de precipitação a longo prazo (32 anos) foram somadas em totais anuais, sazonais e mensais utilizando o software pptSTAT. De seguida, o estudo utilizou o coeficiente de variação (CV) para a análise da variabilidade anual, sazonal e mensal da precipitação. O coeficiente de variação expressa o desvio padrão como uma fração da média e é útil quando o interesse está no tamanho da variação em relação ao tamanho da observação. É calculado como

$$CV = \frac{\sigma}{\mu}$$

Em que -σ é o desvio padrão

- μ é a média

Foi utilizada a regressão linear para estimar as tendências temporais nos registos de precipitação. A regressão faz suposições mais fortes sobre a distribuição da precipitação ao longo do tempo (Helsel e Hirsch, 2002).

O modelo de regressão linear é-

$$y_i = \beta_0 + \beta_1 x_i + \varepsilon_i \qquad i=1,2,\dots,n$$

Onde:-yi é a i-ésima observação da variável de resposta (ou dependente)

- X_i é a h-ésima observação da variável explicativa (ou independente)

- β_0 é a interceção

- β_1 é o declive

- εi é o erro aleatório ou resíduo para a i-ésima observação e

- n é a dimensão da amostra

Helsel e Hirsch (2002) sugeriram que este modelo deve ser verificado quanto à normalidade dos resíduos e à variância constante. Porque a sazonalidade, a tendência a longo prazo e outras variáveis "exógenas", como a temperatura, têm frequentemente uma influência considerável na variável de resposta Y, o que faz com que os testes de uma relação linear forte se tornem insignificantes. Por conseguinte, as magnitudes das tendências de aumento ou diminuição da precipitação sazonal e anual foram testadas pelo teste de tendência de Mann-Kendall (M-K) nos resíduos da regressão.

O teste de Mann-Kendall sobre os resíduos é um procedimento híbrido - remoção paramétrica dos efeitos das variáveis exógenas, seguida de um teste não paramétrico para a tendência. Mann (1945) também sugeriu este método e tem sido amplamente utilizado na deteção de tendências em séries cronológicas ambientais (Hipel e McLeod, 2005).

Este método define o teste estatístico Z como

$$Z = S / \sigma_s^2$$

With $S = \sum_{i=1}^{n-1} \sum_{j=i+1}^{n} \mathrm{sgn}(x_j - x_i)$ and

$$\sigma_s^2 = \frac{n(n-1)(2n+5) - \sum_{i=1}^{n} e_i i(i-1)(2i+5)}{18}$$

O desvio-padrão de S com correção para os empates nos dados, com e_i a representar o número de empates de extensão i. A tendência ascendente ou descendente nos dados é estatisticamente significativa se $|Z| > Z_{crit}$, em que Z_{crit} é o valor da distribuição normal padrão com uma probabilidade de excedência de $\alpha/2$. Quando a = 0,05, u $1-\alpha/2$. Um Z positivo indica uma tendência crescente na série cronológica, e um Z negativo indica uma tendência decrescente.

A fim de obter uma melhor compreensão das relações entre a precipitação e a produção de culturas na zona de estudo, foi utilizado o coeficiente de correlação de Spearman (rho).

3.5.2. Método de avaliação das práticas de adaptação

Foram utilizadas ferramentas estatísticas descritivas, tais como a média, as percentagens e as frequências, para avaliar e resumir a informação recolhida nos agregados familiares da amostra.

CAPÍTULO 4

Resultados e discussões

Este capítulo trata da apresentação dos resultados dos dados recolhidos e da discussão. A primeira secção descreve as caraterísticas demográficas e socioeconómicas gerais dos agregados familiares da amostra. A secção dois trata da variabilidade mensal, sazonal e anual da precipitação, enquanto a terceira secção trata da variabilidade temporal das tendências médias anuais e sazonais da precipitação em Ebinat woreda. Na quarta secção, o teste de tendência de Mann-Kendall é utilizado para detetar a magnitude das tendências e examinar a frequência e a gravidade das secas e os seus significados. A secção cinco avalia as relações entre a precipitação e a produção de cereais em Ebinat woreda. A secção seis examinou as percepções dos agregados familiares da amostra e as práticas de adaptação existentes à variabilidade climática nos locais de estudo.

4.1.   Caraterísticas demográficas e socioeconómicas dos agregados familiares

Nesta parte, é apresentado o perfil geral dos agregados familiares da amostra. Este perfil inclui o sexo, a idade, o nível de instrução, a propriedade da terra e a dimensão da exploração da terra.

Sexo e idade do chefe do agregado familiar

A Tabela 4.1 mostra um tamanho total de amostra para a área de estudo de 385, dos quais 187 agregados familiares amostrados foram retirados de Balarb Kebele (Kola), 131 de Amistya kebele (Woyna Dega) e os restantes 67 eram de Ebachiko Guna Guna kebele (Dega). De um modo geral, mais de 87% dos agregados familiares amostrados nos locais de estudo eram chefiados por homens, enquanto a distribuição percentual de mulheres chefiadas era de apenas 12,7%. Dos três kebeles, uma grande proporção de agregados familiares chefiados por mulheres foi selecionada no kebele de Amistya (18,3%). No entanto, cerca de 94% e 88,8% dos agregados familiares amostrados nas kebeles de Ebachiko Guna Guna e Balarb eram chefiados por homens.

Quadro 4.1 Distribuição das famílias rurais por sexo

| Sex | Kebele | | | | | |
| | Balarb | | Amistya | | Ebachiko Guna Guna | |
	Count	%	Count	%	Count	%
Male	166	88.8%	107	81.7%	63	94.0%
Female	21	11.2%	24	18.3%	4	6.0%
Total	187	100.0%	131	100.0%	67	100.0%

Fonte: Inquérito de campo próprio, 2014

Como indicado na tabela 4.2, a idade dos chefes de família é categorizada em quatro grupos etários: jovem (idade inferior a 30 anos), adulto (de 30 a 44 anos), maduro (de 45 a 59 anos) e idoso (60 anos ou mais). Com base nestes grupos etários do total de agregados familiares da amostra, 8,8% eram jovens, 40,8% eram adultos, 29,9% eram maduros e 20,5% eram idosos. Relativamente às três kebeles, a maioria dos agregados familiares da amostra nas kebeles de Ebachiko Guna Guna (46,3%), Balarb (41,7%) e Amistya (36,6&) era chefiada por adultos com idades compreendidas entre os 30 e os 45 anos. A distribuição percentual de chefes de família maduros nas kebeles de Amistya, Ebachiko Guna Guna e Balarb foi de 35,1%, 31,3% e 25,7%, respetivamente. Os inquiridos nas kebeles de Amistya (22,1%), Balarb (21,9%) e Ebachiko Guna Guna (13,4%) informaram que o chefe do seu agregado familiar é idoso, com idade igual ou superior a 60 anos. Por outro lado, cerca de 10,7% (kebele de Balarb), 9% (kebele de Ebachiko Guna Guna) e 6,1% (kebele de Amistya) dos inquiridos tinham um chefe de família jovem.

Quadro 4.2 Distribuição das famílias rurais por idade

Age	Kebele						Total	
	Balarb		Amistya		Ebachiko Guna Guna			
	Count	%	Count	%	Count	%	Count	%
<30	20	10.7	8.0	6.1	6.0	9.0	34	8.8
30-44	78	41.7	48.0	36.6	31.0	46.3	157	40.8
45-59	48	25.7	46.0	35.1	21.0	31.3	115	29.9
60 & above	41	21.9	29.0	22.1	9.0	13.4	79	20.5
Total	187	100.0	131.0	100.0	67.0	100.0	385	100.0

Fonte: Inquérito de campo próprio, 2014

Estatuto académico

Como se pode ver na Tabela estatística 4.3, cerca de 71,9% dos agregados familiares na área de estudo eram analfabetos. A observação mostra que, do número total de inquiridos, 22,1% sabem ler e escrever, 5,7% frequentaram algum ensino primário e 0,3% dos inquiridos relataram ter recebido alguma educação territorial. A proporção mais elevada de agregados familiares analfabetos foi observada na kebele de Balarb (82,4%), seguida das kebeles de Embacheko Guna Guna (68,7%) e Amistya (58,8%). Enquanto isso, 29,8%, 28,4% e 14,4% das famílias em Amistya, Balarb e Embacheko Guna Guna kebeles relataram que receberam habilidades de leitura e escrita, respetivamente. Os agricultores das kebeles de Amistya (11,5%), Embacheko Guna Guna (3,0%) e Balarb (2,7%) declararam ter frequentado algum ensino primário, mas apenas 0,5% das famílias da kebele de Balarb receberam algum ensino territorial (ver Quadro 4.3).

Quadro 4.3 Nível de literacia do agregado familiar

Educational Status	Kebele						Total	
	Balarb		Amistya		Ebachiko Guna Guna			
	Count	%	Count	%	Count	%		%
Illiterate	154	82.4	77	58.8	46	68.7	277	71.9
Reading & writing skills	27	14.4	39	29.8	19	28.4	85	22.1
elementary	5	2.7	15	11.5	2	3.0	22	5.7
Territory	1	.5	0	0.0	0	0.0	1	.3
Total	187	100.0	131	100.0	67	100.0	385	100.0

Fonte: Inquérito de campo próprio, 2014

Propriedade do terreno

Foi feita uma tentativa para ver a propriedade da terra e a variação no tamanho da propriedade da terra por kebeles. Como mostra a Tabela 4.4, cerca de 5,4 por cento dos inquiridos relataram que têm operado as suas actividades agrícolas em terras arrendadas e outras terras que obtiveram de familiares ou amigos. Em geral, mais de 94 por cento dos agregados familiares da amostra nos locais de estudo eram proprietários de terras próprias.

Quadro 4.4 Distribuição dos agregados familiares agrícolas por exploração

Kebele	Land Ownership						Total	
	Own		Rented		Others			
	Count	%	Count	%	Count	%	Count	%
Balarb	171	91.4	16	8.6	0	0.0	187	100.0
Amistya	129	98.5	1	.8	1	.8	131	100.0
Ebachiko Guna Guna	64	95.5	2	3.0	1	1.5	67	100.0
Total	364	94.5	19	4.9	2	.5	385	100.0

Fonte: Inquérito de campo próprio, 2014

No que diz respeito aos três kebeles, cerca de 2,3% dos agregados familiares em Amistya e 1,2% em Balarb possuíam explorações inferiores ou iguais a 0,5 hectares (ver Tabela 4.5). O estudo constatou que o tamanho da terra possuída pela grande proporção (72,5%) dos agregados familiares variava entre 0,5 e 1,5 hectares, enquanto que os que possuíam entre 1,6 e 2,5 hectares perfaziam 32,2%, 20,2% e 12,5% em Balarb, Amistya e Embacheko Guna Guna kebeles, respetivamente. No entanto, apenas 2,9% dos agregados familiares em Balarb e 0,8% em Amsistya kebeles declararam possuir entre 2,6 a 3,5 e mais hectares de terras.

Quadro 4.5 Distribuição dos agregados familiares agrícolas por dimensão da propriedade

Kebele	Land Holding Size								Total	
	<0.5 ha		.5-1.5 ha		1.6-2.5 ha		2.6-3.5 ha & above			
	Count	%	Count	%	Count	%	Count	%	Count	%
Blarb	2	1.2	109	63.7	55	32.2	5	2.9	171	100
Amistya	3	2.3	99	76.7	26	20.2	1	.8	129	100
Embacheko Guna Guna,	0	0.0	56	87.5	8	12.5	0	0.0	64	100
Total	5	1.4	264	72.5	89	24.5	6	1.6	364	100

Fonte: Inquérito de campo próprio, 2014

4.2. Variabilidade da precipitação

Para detetar a variabilidade em Ebinat wereda, foram estudadas séries de dados anuais, sazonais e mensais de precipitação a longo prazo durante 32 anos. Como mostra a Tabela 4.6, o coeficiente de variação da precipitação mensal total é mais elevado no mês de dezembro, com 367,20%, enquanto o coeficiente de variação é mínimo no mês de agosto, com 19,60%. Isto indica que a precipitação é mais estável no mês de agosto e mais variável no mês de dezembro no woreda de Ebinat.

Quadro 4.6 Resumo estatístico da precipitação média mensal e coeficientes de variação em Ebinat woreda; 1979 - 2010

Month	Mean	S.D.	Variance	CV %
January	3.34	6.40	40.94	191.36
February	3.69	7.10	50.42	192.55
March	21.06	30.37	922.58	144.21
April	30.47	27.51	756.84	90.29
May	38.63	45.05	2029.53	116.64

June	149.03	101.91	10386.16	68.38
July.	510.78	114.48	13105.98	22.41
August	434.59	85.20	7258.83	19.60
September	102.97	43.96	1932.81	42.70
October	35.22	42.89	1839.72	121.79
November	7.81	11.67	136.22	149.39
December	3.41	12.51	156.44	367.20

A precipitação média anual em Ebinat woreda é de 1341 mm, com um desvio padrão de 243 mm e um coeficiente de variabilidade de 18,2 por cento. A tabela estatística apresentada no Quadro 4.7 abaixo mostra uma variabilidade inter-anual da precipitação quase semelhante para a estação anual e para a estação de verão (Kiremt). Como mostram os coeficientes de variação, a variabilidade inter-anual da precipitação em Ebinat é ligeiramente moderada. No entanto, a precipitação de bega (estação seca, outubro-fevereiro) e belg (pequena estação chuvosa, março-maio) é muito mais variável do que a precipitação de kiremt. Bewket (2009), no seu estudo que analisou dados de precipitação de 12 estações da região de Amhara de 1975 a 2003, chegou a uma conclusão semelhante - que as precipitações de bega e belg são mais variáveis do que a precipitação de kiremt em torno de Debire Tabor na zona sul de Gonder.

Tabela 4.7 Precipitação anual e sazonal e coeficiente de variação em Ebinat woreda; 1979 - 2010.

Season	Mean	S.D	Variance	CV (%)
Annual	1341.06	243.38	59235.93	18.146
Kiremt (long rainy season)	1197.16	217.28	47209.62	18.150
Bega (dry season)	53.53	50.55	2554.97	94.425
Belg (small rainy season)	90.13	72.99	5327.02	80.984

4.3. Tendência sazonal e anual da precipitação

Para o período 1979-2010, a precipitação anual e sazonal mostra tendências negativas em Ebinat woreda. Na Figura 4.1a, a equação da linha sólida que relaciona a precipitação média anual e o tempo (em anos) é estimada como: precipitação média anual = (121,98) + (-0,6196) tempo no conjunto de dados. O declive, a variação estimada na precipitação média anual por unidade de variação no tempo, é -0,6196. Isto implica que existe uma relação linear negativa entre a precipitação média anual e o tempo, enquanto a precipitação média anual diminuiu 19,8272 mm durante os últimos 32 anos em Ebinat woreda. O valor de R^2, a proporção da variação na precipitação média anual que pode ser explicada pela variação no tempo, é 0,082 (Figura 4.1a).

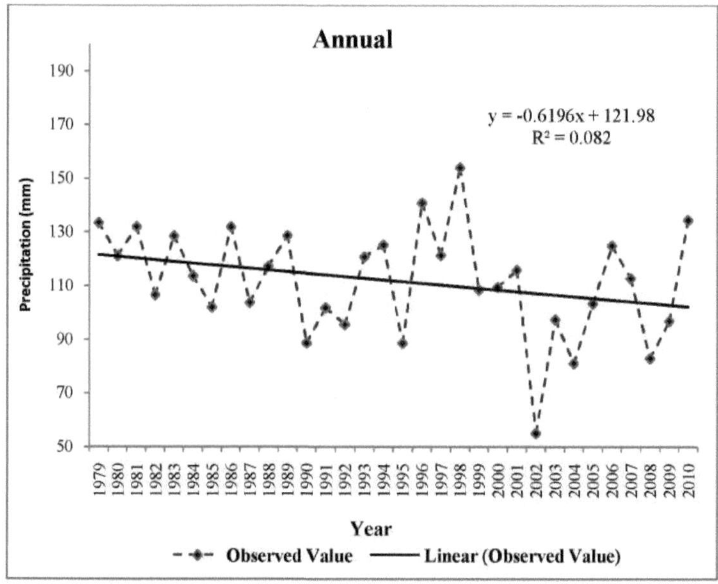

(a)

Figura 4.1 Análise da tendência temporal da precipitação em Ebinat woreda de 1979 a 2010.

A figura 4.1b indica que a linha de tendência da precipitação de kiremt (de junho a setembro) em relação ao tempo está a diminuir, o que implica que existe uma relação linear negativa entre a precipitação de kirmt e o tempo, enquanto a precipitação de kiremt diminuiu 32,4768 mm durante os últimos 32 anos na zona de estudo. A sua proporção de variação por variação no tempo (R^2) foi de 0,0229. Do mesmo modo, existe uma relação linear negativa entre a precipitação de belg e o tempo, enquanto a precipitação de belg diminuiu 26,608 mm durante os últimos 32 anos em Ebinat woreda.

O valor de R^2, a proporção da variação na precipitação *de belg* que pode ser explicada pela variação no tempo, é de 0,1023 (ver Figura 4.1c).

33

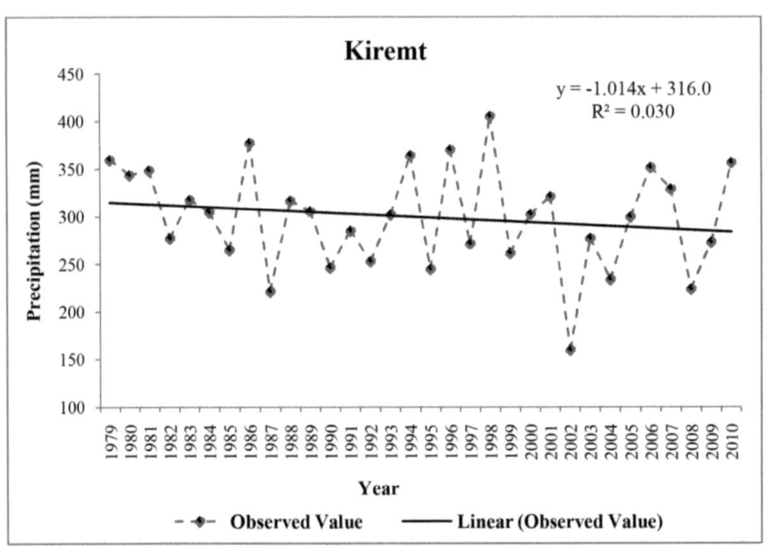

(b)

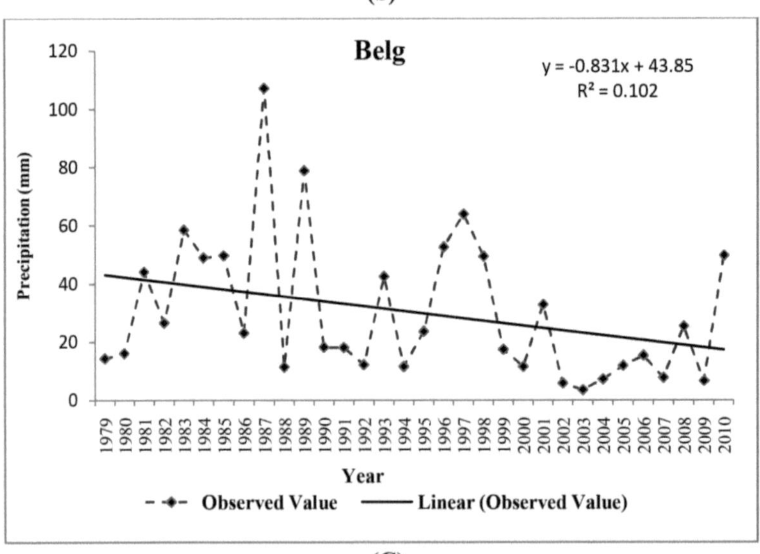

(C)

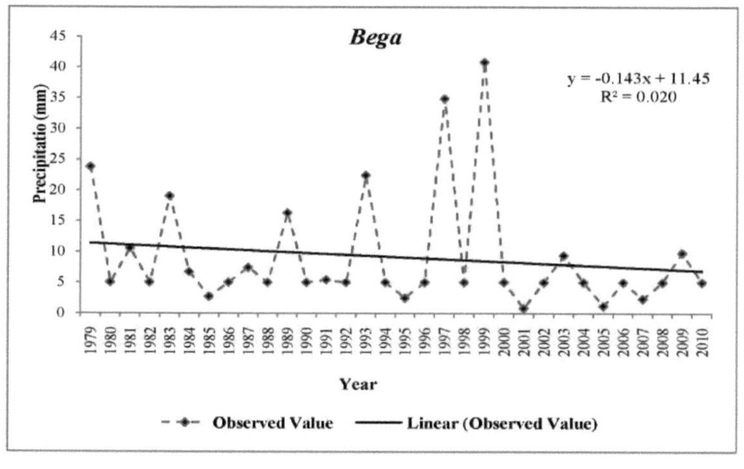

(d)

De acordo com a análise efectuada, a precipitação anual e sazonal mostra tendências decrescentes em Ebinat woreda durante o período de observação. Os resultados do estudo indicaram que existem variações notáveis entre as estações anuais, kiremt e belg na tendência decrescente da precipitação em Ebinat woreda. De um modo geral, nos últimos 32 anos, a precipitação de kiremt (estação estival) registou uma tendência decrescente em Ebinat, seguida de belg (estação chuvosa curta), enquanto a tendência decrescente da precipitação anual foi relativamente baixa nesta área.

4.4. Teste de tendência de Mann-Kendall

O teste de Mann-Kendall foi utilizado para detetar a magnitude das tendências da precipitação em séries de dados anuais e sazonais ao longo de 32 anos em Ebinat woreda. Na Figura 4.2a-d, as linhas sólidas horizontais correspondem aos limites de confiança ao nível de significância de 95% (±1,96). É de notar que existe uma tendência estatisticamente significativa (tendência crescente ou decrescente) quando o valor observado passa sobre as linhas sólidas. Exceto nos anos de 1997 e 2005, em que as tendências observadas da precipitação anual e do kirem se contradizem, um resultado interessante foi o facto de os valores de Mann-Kendall dos dados anuais e de verão apresentarem uma elevada consistência, o que pode provar que a precipitação anual é largamente influenciada pela precipitação de verão em Ebinat. Dos 32 anos de observação da precipitação anual, quinze anos registaram uma anomalia negativa. A maior parte das anomalias negativas ocorreu durante os anos 2000 (6 de 15) e 1980 (5 de 15). Assim, a diminuição da precipitação no ano de 2002 foi estatisticamente significativa, porque o valor calculado (-2,64) ultrapassa o limiar do nível de significância (-1,96). Com base na observação, a chuva nas estações de verão é importante para determinar a quantidade de produção de cereais que são largamente cultivados em Ebinat woreda. Isto deve-se ao facto de todas as actividades agrícolas alimentadas pela chuva terem lugar durante este período. No entanto, à semelhança da precipitação anual, dos 32 anos de observação, quinze anos registados apresentam uma anomalia negativa. Para além disso, o ano mais seco de 2002 foi estatisticamente significativo porque o valor calculado (-2,42) ultrapassa o limiar do nível de significância (-1,96). Além disso, dos restantes 17 anos de anomalias positivas, foi registada uma normalidade ligeiramente positiva em cerca de seis anos (1982, 1989, 1992, 1994, 2000 e 2005) nesta estação. Em contrapartida, 1998 foi o ano mais chuvoso em Ebinat woreda durante os períodos de observação e foi estatisticamente significativo no registo anual

(2,245) no limite de confiança de 1,96. De um modo geral, os resultados do estudo mostram que foram observados cerca de 2

a 3 anos sucessivos de condições mais secas durante os últimos 32 anos. Em particular, os anos de 1982, 1984, 1985, 1987,

1990, 1992, 1993, 1995, 2002, 2003, 2004 e 2006 são os mais registados em Ebinat (ver Figura 4.2a-d).

Figura 4.2 Valores M-K de séries de dados de precipitação anual e sazonal de 1979 a 2010 em Ebinat woreda.

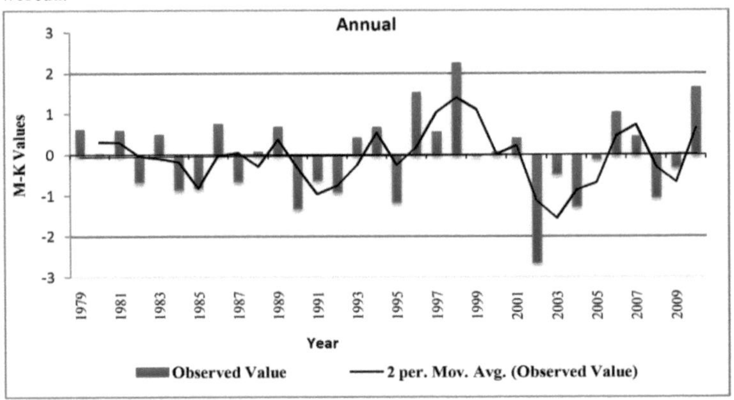

(a)

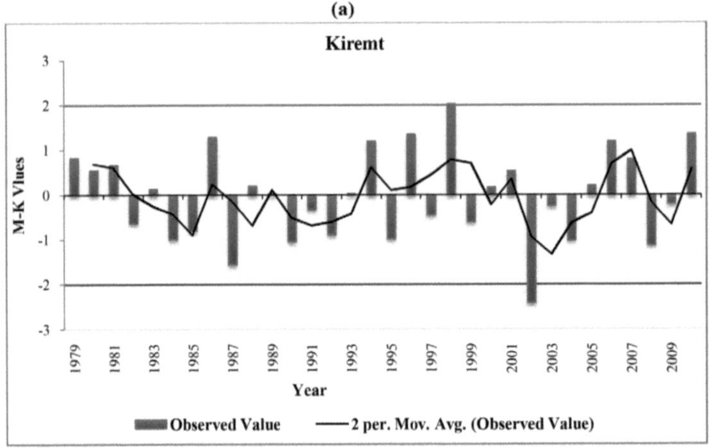

(b)

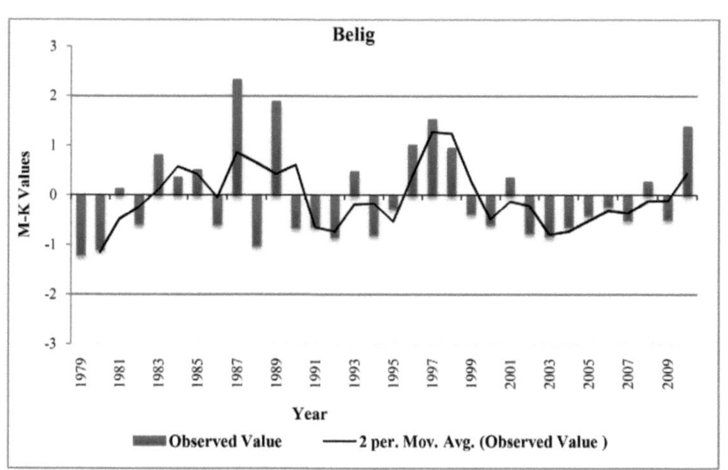

(c)

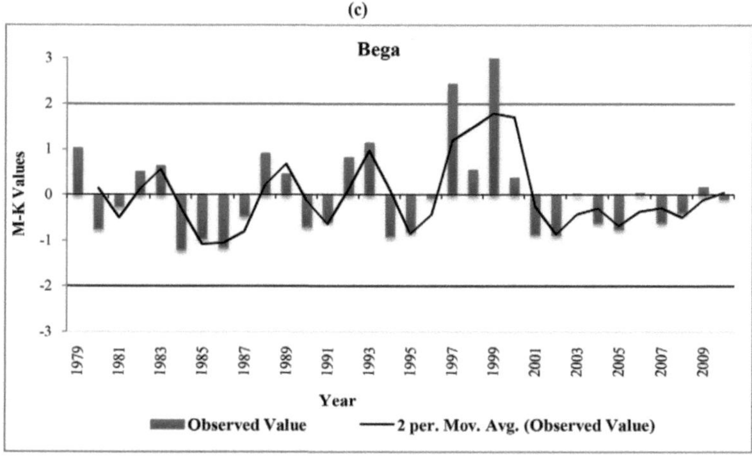

(d)

4.5. Relação entre a pluviosidade e a produção de cereais

No período de 2004 a 2010, os cereais são as culturas de base mais importantes cultivadas em Ebinat woreda. Em termos de produção total, o Teff é o mais dominante, seguido pelo trigo, cevada e sorgo. A tabela de resumo estatístico (Tabela 4.8) apresentada abaixo mostra que o sorgo e o milho apresentam a maior variabilidade de ano para ano em termos de produção total em comparação com os outros cereais. Os seus coeficientes de variação são 0,74 e 0,63, respetivamente. Assim, o sorgo e o milho são largamente cultivados nas zonas agro-ecológicas áridas (Kola) e semi-áridas (Weyna Dega) do woreda. Como indicado anteriormente, a variabilidade da precipitação de bega e belg, que são cruciais para a preparação da terra e o cultivo destas culturas, é muito elevada. Por conseguinte, a elevada variabilidade inter-anual da produção de sorgo e milho foi causada principalmente pela variabilidade inter-anual da precipitação no woreda de Ebinat.

Table 4.8   Estatísticas resumidas sobre a produção de cereais (Quintal) em Ebinat woreda (2004-2010).

Statistics	Crop Type				
	Teff (Quintal)	Wheat (Quintal)	Barely (Quintal)	Maize (Quintal)	Sorghum (Quintal)
Minimum	112373.93	27864	40744	3345	7743
Maximum	174385.4	114038.38	98158.2	36005	83777
Mean	146652.62	75476.553	75101.944	16976.15	40062.457
S.D	24845.58	35865.457	18336.503	10773.91	29609.194
CV	0.17	0.48	0.24	0.63	0.74

Fonte: Gabinete de Prevenção e Preparação para Desastres da Zona Sul de Gondare

O Quadro 4.9 mostra a relação entre a pluviosidade e a produção de cereais na área de estudo. O estudo indicou que a produção de trigo e de sorgo apresenta correlações consideravelmente elevadas com a precipitação anual. Em particular, a correlação entre o trigo e a precipitação anual é estatisticamente significativa ao nível de 0,001, enquanto a produção de cevada apresenta uma correlação negativa com a precipitação anual. A correlação entre a produção de cereais e a precipitação de verão é positiva. A produção de teff apresenta uma correlação relativamente forte com a precipitação estival, em comparação com os outros cereais. Isto significa que, se a precipitação estival aumenta, a produção de cereais aumenta e o inverso é verdadeiro. Relativamente a belg (estação chuvosa curta), a produção de sorgo e trigo tem uma forte correlação com a precipitação de belg e, em particular, a correlação da produção de sorgo com a precipitação de belg é estatisticamente significativa ao nível de 0,05.

Table 4.9   Correlações entre a produção de cereais e a precipitação sazonal e anual em Ebinat woreda.

Seasons	Teff	Wheat	Barely	Maize	Sorghum
Annual	0.21	***0.57	-0.11	0.14	*0.46
Summer	*0.29	0.22	0.14	0.04	0.14
Belg	-0.04	0.5	-0.01	-0.29	*0.75

*Significativo ao nível de 0,05, **Significativo ao nível de 0,01

*** Significativo ao nível de 0,001

4.6. Perceção e adaptação dos agricultores à variabilidade climática

Nesta secção, são discutidas as principais caraterísticas do estudo de campo da área de estudo. Tal como indicado brevemente na literatura, a natureza da adaptação depende muito das circunstâncias locais. A CQNUAC (2007) sugeriu que a adaptação às alterações e à variabilidade climáticas exige conhecimentos tradicionais e estratégias locais de sobrevivência. Assim, os instrumentos de inquérito deste estudo foram concebidos para captar as percepções e a compreensão dos agricultores sobre as alterações climáticas, bem como as suas abordagens às adaptações.

4.6.1.Perceção dos agricultores sobre a variabilidade climática

As percepções dos agricultores relativamente às mudanças a longo prazo na precipitação e temperatura por kebeles e as suas principais fontes de informação são apresentadas nas Tabelas 4.10 e 4.11, respetivamente. Independentemente das diferenças entre os kebeles, cerca de 95% dos agregados familiares da amostra têm a perceção de que o clima está a mudar ao longo dos anos e a estes inquiridos foram feitas outras perguntas sobre a sua perceção geral da variabilidade a longo prazo da precipitação e da temperatura. Os agricultores dos kebeles de Balarb (99,4%), Amstya (96,0%) e Ebacheko Guna Guna (89,2%) consideraram que a quantidade de precipitação diminuiu nos últimos dez anos. Enquanto 9,2%, 2,4% e 0,6% dos inquiridos das kebeles de Ebacheko Guna Guna, Amistya e Balarb responderam que a precipitação aumentou na última década. No que diz respeito às mudanças de temperatura, conforme mencionado abaixo, 96%, 94,4% e 90,8% dos inquiridos nas kebeles de Balarb, Amistya e Ebacheko Guna Guna perceberam que a temperatura está a aumentar e 2,3%, 2,4% e 3,1% dos inquiridos relataram que a temperatura tem vindo a diminuir, por esta ordem. É de notar que, por várias razões, no geral 4,7% dos agregados familiares da amostra no local de estudo não observaram qualquer mudança de precipitação e temperatura (Ver Tabela 4.10).

Tabela 4.10 Distribuição percentual da perceção dos agregados familiares sobre a variabilidade da precipitação e da temperatura

Kebele	Current Amount of Rainfall			Total	Current Amount of Temperature			Total
	Decreasing	Increasing	The same		Increasing	Decreasing	The same	
Embacheko Guna Guna	89.2%	9.2%	1.5%	100%	90.8%	3.1%	6.2%	100%
Amistya	96.0%	2.4%	1.6%	100%	94.4%	2.4%	3.2%	100%
Balarb	99.4%	.6%	0.0%	100%	96.0%	2.3%	1.7%	100%

Fonte: Inquérito de campo próprio, 2014

Também foram feitas perguntas adicionais aos agricultores sobre a sua principal fonte de informação sobre esta variabilidade a longo prazo da precipitação e da temperatura. Cerca de 73%, 68,2% e 66,2% dos agricultores das kebeles de Amistya, Balarb e Embacheko Guna Guna

Os entrevistados relataram que os Agentes de Desenvolvimento Rural (ADs) são as suas principais fontes de informação. Também classificaram os meios de comunicação social e os amigos como fontes importantes de informação sobre as alterações da precipitação e da temperatura (ver Quadro 4.11).

Quadro 4.11 Fontes de informação sobre a variabilidade da precipitação e da temperatura

Kebele	Source of Information				Total
	Friends	Extension workers (DAs)	Mass Media	Others	
Embacheko Guna Guna	9.2%	66.2%	16.9%	7.7%	100%
Amistya	10.3%	73.0%	11.9%	4.8%	100%
Balarb	14.8%	68.2%	10.8%	6.3%	100%

Fonte: Inquérito de campo próprio, 2014

4.6.2. Factores que afectam a produção vegetal

Perguntou-se às famílias agrícolas da amostra se a sua produção agrícola tinha aumentado ou diminuído durante os últimos dez anos. Independentemente das diferenças entre as três kebeles, quase todos os inquiridos referiram que a produção agrícola tem vindo a diminuir na última década. Além disso, durante as entrevistas com informadores-chave, a maioria das autoridades locais, agentes de desenvolvimento, mulheres e jovens influentes referiram que a produção agrícola tem vindo a diminuir em Ebinat woreda. Por conseguinte, a observação confirmou que a variabilidade da precipitação e os seus factores relacionados, agravados por terras agrícolas inadequadas, são os factores mais importantes que afectam a produção agrícola em Ebinat woreda (ver Figura 4.3). Classificados na sua ordem de impacto

    i. Escassez de precipitação

ii. Precipitação imprevisível

iii. Terras agrícolas inadequadas e

iv. Pragas e doenças

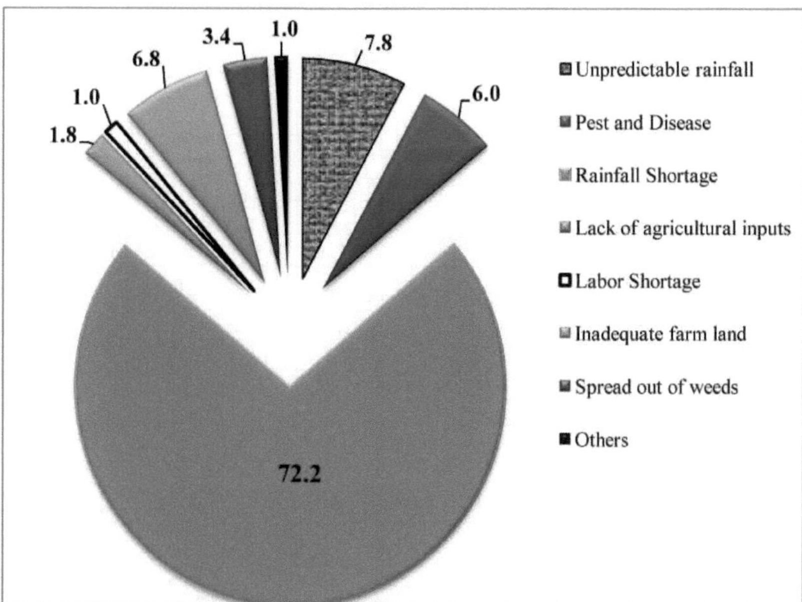

Figura 4.3 Factores que afectam a produção vegetal

Fonte: Inquérito de campo próprio, 2014

O estudo também mostra que não houve diferenças significativas nas respostas dos agricultores sobre os factores que estão a afetar a produção agrícola nos três kebeles. Os agricultores das kebeles de Balarb (76,5%), Amistya (70%) e Embacheko Guna Guna (64,2) referiram que a escassez de chuvas poderia ser atribuída ao declínio substancial da produção agrícola ao longo dos anos. Para além disso, a imprevisibilidade da precipitação foi relatada como sendo um grande problema na kebele de Amistya. Por outro lado, os agricultores de Balarb consideram que se registou um aumento de pragas e doenças. No entanto, cerca de 15% dos inquiridos no kebele de Embacheko Guna Guna referiram a inadequação das terras agrícolas como um fator para a redução da sua produção agrícola (Ver também Quadro 4.12).

Quadro 4.12 Resumo estatístico dos factores que afectam a produção vegetal

Variables	Balarb	Amistya	Embacheko Guna Gun
Unpredictable rainfall	3.2	14.6	7.4
Pest and Disease	8.0	3.8	4.5

Rainfall Shortage	76.5	70.0	64.2
Lack of agricultural inputs	1.6	3.1	0.0
Labor Shortage	.5	.8	3.0
Inadequate farmland	7.0	2.3	14.9
Spread out of weeds	2.7	3.1	6.0
Other	.5	2.3	0.0

Fonte: Inquérito de campo próprio, 2014

4.6.3. Mecanismos de adaptação dos agricultores à variabilidade climática

As práticas de adaptação que estão a ser utilizadas pelos agricultores em resposta à variabilidade climática são apresentadas na figura 4.4. Como foi descrito na literatura, a decisão das opções de adaptação, entre outras, baseia-se em medidas que são apropriadas para o curto e o longo prazo. Os métodos de adaptação a curto prazo mais frequentemente citados na literatura incluem a plantação de diferentes variedades de culturas, o ajustamento das datas de plantação e de colheita, a cultura intercalar / mista, a utilização de pesticidas, o estrume, a gestão da fertilidade do solo e a conservação da água. Por outro lado, a diversificação das actividades agrícolas para actividades não agrícolas, a irrigação e a mudança de tipos de culturas que se adaptem melhor ao novo ambiente são algumas das opções de adaptação a longo prazo no sector agrícola (Kurukulasuriya e Rosenthal , 2003).

No caso do woreda de Ebinat, o investigador tentou identificar que tipos de opções de adaptação estão a ser utilizadas pelos agricultores locais em resposta às variações climáticas. Assim, os agricultores foram questionados sobre as práticas de adaptação que têm efectuado nas suas próprias explorações agrícolas para compensar o impacto negativo da variabilidade climática. Como se pode ver na figura 4.4, a estratégia de adaptação mais utilizada pelos três kebeles (Balarb, Embacheko Guna Guna e Amistya) foi a aplicação de composto, com os valores correspondentes de 95,5%, 93,1% e 92,9%. Outra opção de adaptação utilizada pelos agricultores locais foi a agricultura de contorno, com 91,1 por cento, 86,2 por cento e 81,3 por cento e a utilização de terraços com 89,2 por cento, 79,3 por cento e 78,6 por cento e variedades de culturas tolerantes à seca utilizadas por 84,7 por cento, 65,5 por cento e 65,2 por cento dos agricultores em Balarb, Embacheko Guna Guna e Amistya kebeles, respetivamente. Mais de 87%, 75,9% e 61,8% dos inquiridos nas kebeles de Amistya, Embacheko Guna Guna e Balarb declararam utilizar pesticidas e estrume. Da mesma forma, 68,8%, 67,2% e 65% utilizaram diferentes variedades de culturas e 70,5%, 46,6% e 22,9% dos agricultores em Amistya, Embacheko Guna Guna e Balarb kebeles utilizaram a plantação de árvores, respetivamente. Em geral, 16%, 14,5% e 13,4% dos inquiridos das kebeles de Balarb Amistya e Embacheko Guna Guna não utilizavam qualquer opção de adaptação. Os entrevistados informadores-chave também informaram que, devido à elevada variabilidade da precipitação, os agricultores rurais em Ebinat woreda utilizavam os seus próprios mecanismos de adaptação.

Assim, com base no pressuposto descrito acima e nos dados obtidos a partir do inquérito aos agregados familiares e dos entrevistados com informações-chave, é claro que um número significativo de agricultores em Ebinat woreda utilizou a opção de adaptação a curto prazo. A figura 4.4 mostra que uma proporção muito pequena de agricultores nos locais de estudo utilizou estratégias de adaptação a longo prazo. Por exemplo, 12,8% e 7,6% dos inquiridos dos kebeles Embacheko Guna Guna e Balarb recorreram a actividades não agrícolas. No entanto, a irrigação e os tipos de culturas resistentes a pragas/doenças são quase desconhecidos em Ebinat.

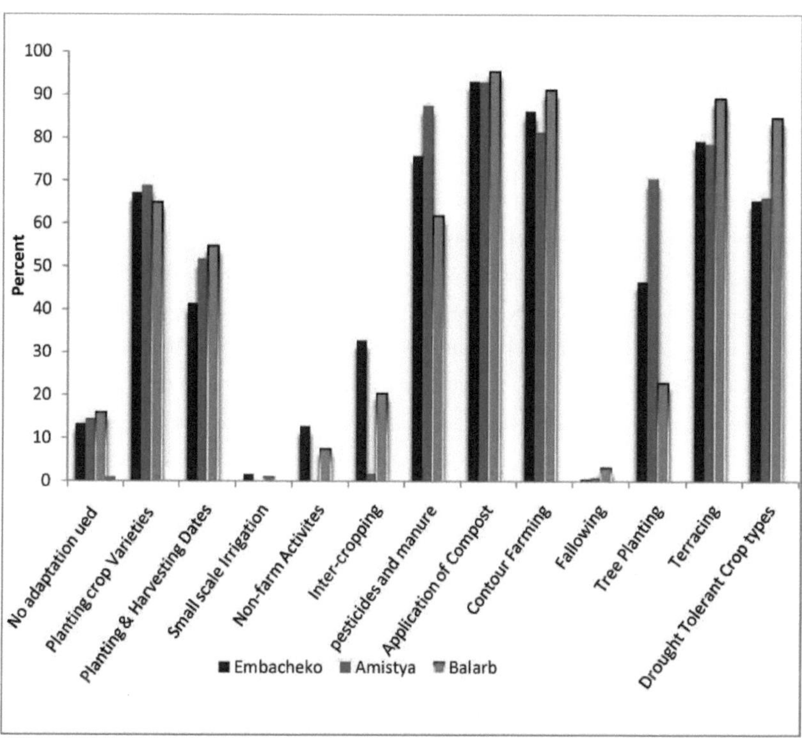

Figura 4.4 Mecanismos de adaptação à variabilidade climática

Fonte: Inquérito de campo próprio, 2014

4.6.4. Principais Constrangimentos à Adaptação à Variabilidade Climática na Área de Estudo

Como indicado acima, os agricultores dos locais de estudo utilizaram várias opções de adaptação aos impactos da variabilidade climática. Contudo, existem vários constrangimentos à adaptação à variabilidade climática entre os agricultores rurais em Ebinat wored. Os principais constrangimentos à adaptação à variabilidade climática identificados pelos agregados familiares da amostra incluem a falta de informação, a falta de dinheiro, a falta de mão de obra, a falta de terra e o fraco potencial de irrigação. A Figura 4.5 mostra que cerca de 38 e 34,6 por cento dos inquiridos em Balarb (Kola) e Amistya (Woyna Dega) kebeles

43

identificaram a falta de dinheiro como o constrangimento mais importante, enquanto cerca de 35,8 por cento dos agricultores em Ebachiko Guna Guna kebebel (Dega) consideraram a falta de terra, seguida pela falta de dinheiro, como um grande desafio para a adaptação. Além disso, 28,5% e 23,5% dos agricultores em Balarb e Amistya kebeles relataram que a escassez de terra é uma barreira pronunciada para a adaptação às alterações climáticas. O fraco potencial de irrigação constitui um obstáculo considerável para os agricultores de Balarb Amistya e Ebachiko Guna Guna. Além disso, a falta de informação e a escassez de mão de obra foram constrangimentos adicionais para 16,6 por cento, 16,4 por cento e 13 por cento dos inquiridos em Balarb, Ebachiko Guna Guna e Amistya, e para 7,7 por cento, 6 por cento e 4,8 por cento dos agricultores em Amistya, Ebachiko Guna Guna e Balarb kebeles para se adaptarem à variabilidade climática, por esta ordem. Por outro lado, os entrevistados informantes-chave informaram que a falta de infra-estruturas básicas, a falta de sensibilização e as dificuldades dos agricultores rurais em mudar os seus sistemas agrícolas tradicionais são alguns dos principais constrangimentos à adaptação à variabilidade climática em Ebinat woreda.

Com base nos resultados deste estudo, a maioria destes constrangimentos pode estar associada à pobreza. É óbvio que a falta de dinheiro é um obstáculo para os agricultores obterem os insumos agrícolas e as tecnologias necessárias que facilitam a adaptação à variabilidade climática. Como indicado anteriormente, mais de 72% dos agregados familiares da amostra possuíam pequenas parcelas de terra, variando de 0,5 a 1,5 hectares. Assim, a escassez de terras agrícolas associada à elevada pressão populacional obriga os agricultores a cultivar intensivamente nestas parcelas de terra pequenas e fragmentadas. Além disso, as opções de adaptação também requerem informações que a investigação sobre as alterações climáticas e as opções de adaptação foram reforçadas na área e, portanto, faltam informações em Ebinat. Durante o levantamento de campo, observou-se que existem rios e pequenos riachos em algumas partes das três kebeles, o fraco potencial de irrigação pode muito provavelmente estar associado à falta de capacidade dos agricultores para utilizar a água já existente devido à incapacidade tecnológica (Ver Figura 4.5).

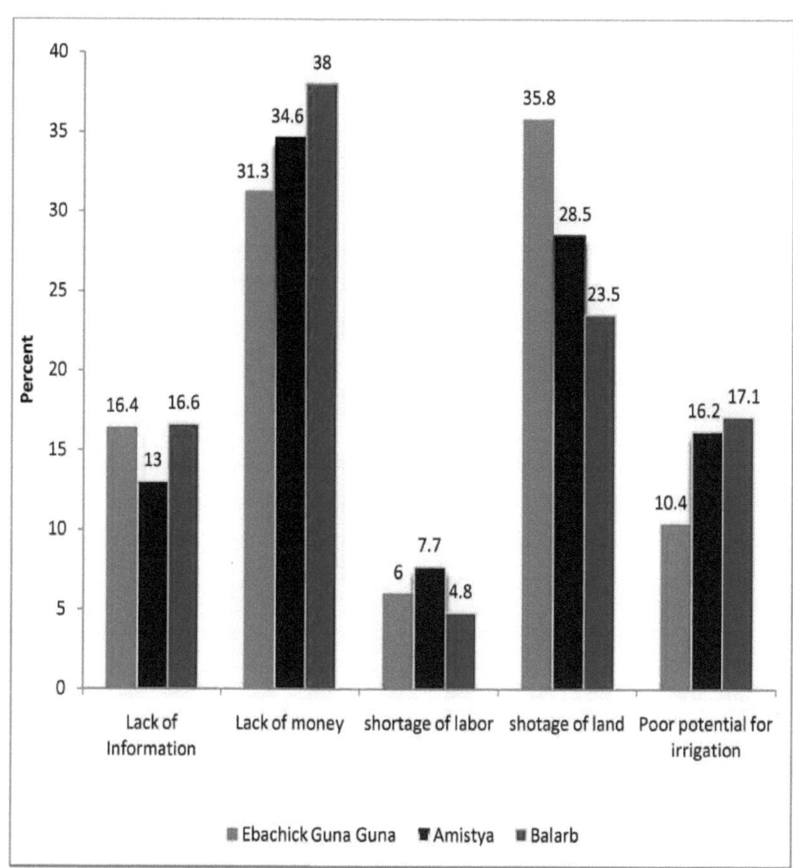

Figura 4.5 Restrições para adaptações

Fonte: Inquérito de campo próprio, 2014

CAPÍTULO 5

Conclusão e recomendação

5.1 Conclusão

Neste estudo, a variabilidade mensal, sazonal e anual da precipitação e suas tendências para o período 1979-2010 foram investigadas com o uso do coeficiente de variação, regressão linear e o teste de Mann-Kendall. Além disso, foram avaliadas as relações entre a variabilidade da precipitação e a produção agrícola, bem como os mecanismos de adaptação utilizados pelos agricultores.

As principais conclusões da análise efectuada podem ser resumidas da seguinte forma:

Os resultados mostram que, nos últimos 32 anos, se registou uma elevada variabilidade da precipitação mensal sazonal e anual em Ebinat woreda. A precipitação variou em todos os meses. No entanto, a sua intensidade aumentou de outubro a março, mas diminuiu acentuadamente de junho a setembro. O valor foi muito mais elevado em dezembro e mais baixo em agosto. Isto implica que a variabilidade mensal da precipitação em Ebinat woreda foi muito elevada.

Também se observou que a variabilidade intra-anual da precipitação é mais elevada em Bega. Os coeficientes de variação da precipitação da estação do verão e da precipitação do ano inteiro foram quase iguais. Por conseguinte, pode concluir-se que a precipitação estival assumiu o controlo total da precipitação anual nos últimos 32 anos.

As tendências da precipitação anual e sazonal foram elaboradas através de um modelo de regressão linear e testadas pelo teste de tendência de Mann-Kendall. Os resultados do estudo mostram que a precipitação anual e sazonal tem vindo a diminuir nos últimos 32 anos. Além disso, os resultados revelaram que a precipitação estival, em particular, apresenta fortes tendências decrescentes em Ebinat woreda.

O teste de tendências da precipitação anual e sazonal mostra que a precipitação em Ebinat woreda é caracterizada por uma alternância de anos húmidos e anos secos num padrão periódico. O teste indica condições mais secas em 1982, 1984, 1985, 1987, 1990, 1992, 1993, 1995, 2002, 2003, 2004 e 2006. O ano mais seco de 2002 foi estatisticamente significativo tanto na estação anual (-2,64) como na estação de verão (-2,42).

Os padrões de variabilidade inter-anual nas produções dos seis principais cereais (tef, cevada, trigo, milho, sorgo e painço) foram analisados utilizando o coeficiente de variação. De seguida, foi aplicado o coeficiente de correlação de Spearman para testar as suas relações com a precipitação sazonal. Para o período de 2004 a 2010, a produção de cereais mostra uma variação de ano para ano em Ebinat wereda. Em comparação com os outros cereais, o sorgo e o milho apresentam a maior variabilidade anual.

A análise confirmou que a produção de trigo e de sorgo apresenta correlações consideravelmente elevadas com a precipitação anual. A correlação entre a produção de cereais e a precipitação de verão foi positiva. A produção de teff apresenta uma correlação relativamente forte com as chuvas de verão, em comparação com os outros cereais. A correlação entre a produção de sorgo e a precipitação de belg foi estatisticamente significativa ao nível de 0,05.

A adaptação é importante para que os agricultores atinjam os seus objectivos agrícolas, como a segurança alimentar e dos meios de subsistência. As variáveis socioeconómicas e/ou relacionadas com a adaptação no controlo dos efeitos climáticos desempenham um papel crucial para a melhoria das práticas agrícolas. As variáveis socioeconómicas e/ou relacionadas com a adaptação do estudo incluem as caraterísticas do agregado familiar, a dotação de recursos do agregado familiar, como a terra e a educação ou o acesso à informação.

A dimensão da área de cultivo é um fator importante, especialmente para as famílias numerosas, uma vez que uma área maior lhes permite repartir o risco de efeitos climáticos adversos e, assim, reduzir os efeitos líquidos da mudança.

O acesso à informação é um fator crucial para a adaptação das famílias agrícolas, uma vez que a adaptação exige informações sobre a variabilidade climática sazonal e a longo prazo e sobre a produção agrícola.

De acordo com as conclusões do estudo, o nível de escolaridade do chefe do agregado familiar, o género do chefe do agregado familiar, a propriedade da terra e o tamanho da terra têm um impacto significativo na adaptação às alterações e variabilidade climáticas.

O estudo também avaliou as percepções dos agricultores sobre as alterações climáticas e a medida em que essas percepções influenciaram as suas práticas actuais no que diz respeito à adaptação às mudanças de temperatura e precipitação. A maioria dos agricultores dos kebeles da amostra apercebeu-se de que observou a mudança da temperatura e da precipitação, como a redução da quantidade de chuva e o aumento da temperatura.

Afirmaram também que estas alterações têm vindo a afetar as suas actividades agrícolas. Tendo em conta esta perceção e dependendo do sistema de cultivo, os agricultores têm praticado várias opções de adaptação.

Com base na análise, as opções de adaptação importantes utilizadas pelos agricultores incluem a aplicação de composto, a agricultura de contorno e o terraceamento, a utilização de variedades de culturas tolerantes à seca, a aplicação de pesticidas e de estrume, a utilização de diferentes variedades de culturas e a plantação de árvores.

No entanto, existem vários constrangimentos à adaptação à variabilidade climática entre os agricultores rurais de Ebinat woreda. Estes constrangimentos parecem estar largamente associados à pobreza.

Observou-se que a maioria dos agricultores (72,5%) possuía pequenas parcelas de terra que variavam entre 0,5 e 1,5 hectares, nas quais se praticava a agricultura de sequeiro. Embora a irrigação e a diversificação das actividades agrícolas para outras actividades não agrícolas sejam frequentemente citadas como possíveis opções de adaptação, especialmente em zonas secas, os agricultores de Ebinat woreda não lhes deram muita atenção.

5.2 . Recomendação

Os resultados desta análise sugerem que os impactos da variabilidade climática foram bastante significativos, particularmente no contexto do wereda de Ebinat. Independentemente de o clima do futuro ser mais húmido ou mais seco, esta área requer uma combinação de importantes decisões de adaptação por parte de todas as agências e departamentos da wereda que estão envolvidos, em particular, em programas de conservação dos recursos naturais, bem como em actividades de desenvolvimento agrícola e rural.

Assim, a necessidade destas decisões colectivas permite que as comunidades locais criem mecanismos adequados de adoção através de uma abordagem participativa em que as comunidades desempenham um papel ativo no processo.

É necessário apoiar a capacidade de adaptação dos agricultores e melhorar a eficiência da sua produção agrícola para ultrapassar os cenários futuros de impacto das alterações climáticas.

É necessário fornecer serviços de informação de extensão adequados para garantir que os agricultores recebam informações actualizadas sobre os padrões de precipitação e temperatura na próxima estação. Para que possam tomar decisões bem informadas sobre as datas de plantação.

Além disso, deve ser promovida a educação ambiental dada aos agricultores sobre a forma de utilizar as tecnologias alternativas que podem estar disponíveis localmente, mitigar o problema ambiental e melhorar a produtividade.

É igualmente necessário desenvolver os recursos hídricos, incluindo a recolha de águas pluviais a nível doméstico para a produção de culturas.

As actividades de irrigação devem ser implementadas com base nos recursos hídricos disponíveis e nas zonas de planície onde os rios podem ser mais bem utilizados.

Acredita-se que as fontes de rendimento não agrícolas são menos sensíveis ao clima do que as actividades agrícolas. Assim, a promoção de uma maior diversificação dos rendimentos fora da agricultura constitui provavelmente uma estratégia de adaptação prometedora no woreda de Ebinat.

Por último, a gravidade da degradação dos recursos, como as florestas e os solos, deve ser avaliada fisicamente de forma mais pormenorizada, o que pode ajudar a impor apoios políticos centrados nas tecnologias de conservação dos recursos e nas medidas de conservação.

REFERÊNCIAS

ACCRA (Aliança Africana para a Resiliência às Alterações Climáticas), 2011. Tendências climáticas na Etiópia: Resumo da investigação da ACCRA em três locais, Adis Abeba, Etiópia: Aliança para a Resiliência às Alterações Climáticas em África.

APF (Africa Partnership Form), 2007. Alterações climáticas e África. Berlim, Alemanha, Africa Partnership Form.

ADF (Fórum Africano de Desenvolvimento), 2010. Alterações climáticas, agricultura e segurança alimentar. Centro de Conferências das Nações Unidas. Adis Abeba, Etiópia, Fórum Africano de Desenvolvimento.

Ayalew, Tesfaye, Mamo, Yitaferu e Bayu, 2012. Variabilidade da precipitação e sua tendência atual na região de Amhara, Etiópia. Revista Africana de Investigação Agrícola Vol. 7(10).

Bewket, 2009. Variabilidade da precipitação e produção agrícola na Etiópia. In: Actas da 16ª Conferência Internacional de

Estudos Etíopes.

Bradshaw, Dolan e Smit, 2004. Farm-Level Adaptation to Climatic Variability and Change: Crop Diversification in the Canadian Prairies" (Diversificação de culturas nas pradarias canadianas). Climatic Change.

Burton e Lim, 2005. Conseguir uma Adaptação Adequada na Agricultura. Climate Change .

Campbell, Mann, Streck, Tennigkeit e Vermeulen, 2011. "Agriculture and Climate Change Policy Brief: Main Issues for UNFCCC and Beyond". http://www.climate- agriculture.org: Rede de Conhecimento sobre Clima e Desenvolvimento.

CSA (Agência Central de Estatística), 2002. Ethiopian Agriculture Sample Enumeration 2001/02. Report on the Preliminary Results of Area, Production and Yield of Temporary Crops (Private Peasant Holdings, Meher season), Part II, Addis Ababa, Ethiopia: Central Statisitical Authority.

CSA (Agência Central de Estatística), 2010. Recenseamento da População e da Habitação de 2007 na Etiópia: Relatório estatístico sobre a dimensão e as caraterísticas da população: Results for Amhara Region, Adis Abeba, Etiópia: Agência Central de Estatística.

CSA (Agência Central de Estatística), 2013. Inquérito por amostragem à agricultura da Etiópia 2012/2013. Relatório sobre a utilização de produtos agrícolas e pecuários (explorações camponesas privadas, época de Meher), Adis Abeba, Etiópia: Agência Central de Estatística.

CSA (Agência Central de Estatística), 2012. Inquérito por amostragem à agricultura da Etiópia 2011/2012. Relatório sobre a utilização de produtos agrícolas e pecuários (explorações camponesas privadas, época de Meher), Adis Abeba, Etiópia: Agência Central de Estatística.

Chamberlin e Schmidt, 2011. Ethiopian Agriculture: Uma Perspetiva Geográfica Dinâmica. Divisão de Estratégia de Desenvolvimento e Governação, Investigação Internacional sobre Política Alimentar.

Charles. Williams e Kniveton, 2011. African Climate and Climate Change: Physical, Social and Political Perspectives. Nova Iorque: Springer Science+Business Media.

CCIR (Climate Change Information Resources), 2005. What causes global climate change?, Nova Iorque: The Trustees of Columbia University.

Cochran, 1963. citado em Glenn D. Israel.Sampling Techniques .2nd Ed, New York:John Wiley and Sons, Inc.

Degefe e Berhanu , 2000, citados em Woldeamlak Bewket. Relatório anual sobre a economia da Etiópia, Adis Abeba, Etiópia: s.n.

Deressa , 2007. Medição do impacto económico das alterações climáticas na agricultura da Etiópia: Ricardian Approach. Documento de investigação política do Banco Mundial n.º 4342, Washington DC.

EPA (Autoridade de Proteção Ambiental), 2012. Conferência das Nações Unidas sobre Desenvolvimento Sustentável (Rio+20), Relatório Nacional da Etiópia.

EIAR e NMA (Instituto Etíope de Investigação Agrícola e Agência Metrológica Nacional), 2009. Managing Risk, Reducing Vulnerability and Enhancing of Agricultural Productivity Under changing Climate in The Greater Horn of Africa. Country Report of Ethiopia, Impacts of Climate Change and Variability on Agricultural Systems, s.l.: F:/ADDIS/or Ethiopia.docC:/wampnew/www/ccaa/downloads/or Ethiopia.doc.

FEWS (Famine Early Warning Systems), 2003. ETIÓPIA Atualização das Perspectivas de Segurança Alimentar, s.l.: FEWS NET, http://www.fews.net/ethiopia.

Fische e Maurer, 1978. Resistência à seca em cultivares de trigo de primavera. I. Resposta do rendimento de grãos. Aust. J. Agric. Res.

Funk , Rowland, Eilerts, Emebet, Nigist, White e Gideon, 2012. A Climate Trend Analysis of Ethiopia. s.l., Rolla Publishing Service Center, http://earlywarning.usgs.gov/fews/reports.php.

Gebreegziabher, Stage, Mekonnen e Alemu, 2011 . Alterações climáticas e a economia da Etiópia: Uma Análise de Equilíbrio Geral Computável. Ambiente para o Desenvolvimento: Série de Documentos de Discussão, EfD DP 11-09 10.

Helsel e Hirsch, 2002. Techniques of Water-Resources , Hydrologic Analysis and Interpretation (Técnicas de Recursos Hídricos, Análise e Interpretação Hidrológica). Techniques of Water-Resources Investigations of the United States Geological Survey (Técnicas de Investigação de Recursos Hídricos do Serviço Geológico dos Estados Unidos).

Hipel e McLeod, 2005. Impacto das alterações climáticas: Indian Scenario. Notícias da Universidade.

Houghton, S. J., 2009. Global Warming (Aquecimento Global). Quarta edição. Nova Iorque: Cambridge University Press.

IPCC (Painel Intergovernamental sobre as Alterações Climáticas), 1990. CLIMATE CHANGE: The IPCC Scientific Assessment Report Prepared by Working Group 1, s.l.: Press Syndicate of the University of Cambridge.

IPCC (Painel Intergovernamental sobre as Alterações Climáticas), 2007. Impacts, Adaptation and Vulnerability. Contribuição do Grupo de Trabalho III para o Quarto Relatório de Avaliação do IPCC, Cambridge, Reino Unido: Cambridge University Press.

IPCC (Painel Intergovernamental sobre as Alterações Climáticas), 1990. *Avaliação Científica das Alterações Climáticas, Relatório preparado pelo Grupo de Trabalho 1,* Nova Iorque: Organização Meteorológica Mundial e Programa Ambiental das Nações Unidas.

IPCC (Painel Intergovernamental sobre Alterações Climáticas), 2001. citado em Levina e Tirpak (2006). Climate Change 2001: The Scientific Basis. IPCC. IPCC Third Assessment Report,, s.l.: s.n.

Jonathan, 2007. Ethiopia: Country Environmental Profile, Adis Abeba: s.n.

Kurukulasuriya e Rosenthal , 2003. Climate Change and Agriculture: A Review of Impacts and Adaptations. Agriculture and Rural Development Department Paper No. 91, Banco Mundial, Washington DC, EUA. 96 pp..

Levina e Tirpak, 2006. Adaptação às alterações climáticas: Key Terms. Direção do Ambiente; Agência Internacional da Energia.

Mbilinyi, Saibu land Kazi, 2013. Impacto das alterações climáticas nos pequenos agricultores: Voices of Farmers in Village Communities in Tanzanya. Fundação de Investigação Económica e Social (ESRF).

McCarthy, Canziani, Leary, Dokken e White , 2001. Climate change 2001. impacts, adaptation and vulnerability. Contribuição do grupo de trabalho II para o terceiro relatório de avaliação do painel intergovernamental sobre alterações climáticas, Nova Iorque: Cambridge University Pres.

MEDaC, 1999. citado em Deressa. Survey of Ethiopian Economy, Adis Abeba, Etiópia: s.n.

Mendelsohn e Dinar, 1999. Climate Change, Agriculture, and Developing Countries: Does Adaptation Matter?". The World Bank Research Observer .

MoFED (Ministério das Finanças e do Desenvolvimento Económico), 2006. Ethiopia: Building on Progress: A plan for accelerated and sustained development to end poverty (PASDEP).Annual Progress Report, Addis Ababa, Ethiopia: s.n.

MoFED (Ministério das Finanças e do Desenvolvimento Económico), 2008. Ethiopia: Building on Progress: Um plano de desenvolvimento acelerado e sustentado para acabar com a pobreza (PASDEP. Relatório Anual de Progresso, Adis Abeba, Etiópia: s.n.

Mulat, Fantu e Tadele, 2004. Agriccultural Development in Ethiopia: Are There. Departamento de Economia da Universidade de Addid Abeba.

Mwanakatwe e Barrow , 2010. Desempenho do crescimento económico da Etiópia: Situação atual e desafios. Complexo do Economista-Chefe do Grupo do Banco Africano de Desenvolvimento. Resumo Económico Volume 1, Número 5.

NMSA (Serviços Meteorológicos Nacionais), 2007. Adaptação Nacional às Alterações Climáticas, Adis Abeba: NMS.

NMSA (Agência Nacional de Serviços Meteorológicos), 1996. Climate & Agro-Climatic Resources of Ethiopia, Addis Abeba, Etiópia: Série de Relatórios de Investigação Meteorológica da NMSA, Vol.1, No.1,.

NMSA (Agência Nacional de Serviços Meteorológicos), 2001. Initial National Communication of Ethiopia to the United Nations Framework Convention on Climate Change (UNFCCC), Addis Ababa, Ethiopia: República Federal Democrática da Etiópia, Ministério dos Recursos Hídricos.

Ojwang, Agatsiva e Situma, 2010. Analysis of Climate Change and Variability Risks in the Smallholder Setor. Documento de Trabalho sobre Ambiente e Gestão de Recursos Naturais.

Oliveira, 1980. Distribuição da precipitação mensal: um índice comparativo. Geógrafo Profissional .

Parry, Rosenzweig, Iglesias, Livermore e Fischer, 2004. "Effects of Climate Change on Global Food Production under SRES Emissions and Socio-economic Scenarios". Global Environmental Change .

Pittock, A. B., 2009. Climate Change: The Science, Impacts and Solutions. Second Edtion ed. Collingwood, Austrália: Organização de Investigação Científica e Industrial da Commonwealth.

Ravallion e Chen, 2004. How have the world's poorest fared since the early 1980s? World Bank Res Obs .

Reilly, Hohmann e Kane, 1994. "Climate change and agricultural trade: who benefits, who loses?" (Alterações climáticas e comércio agrícola: quem beneficia, quem perde?). Global Environmental Change .

Rosegrant, Ewing, Yohe, Burton, Huq e Valmonte-Santos, 2008. Climate Change and *Agriculture:Threats and Opportunities (Alterações climáticas e agricultura: ameaças e oportunidades)*. Eschborn / Alemanha: Deutsche Gesellschaft fur .

Sherman Robinson, Kenneth Strzepek e Raffaello Cervigni, 2013. The Cost of Adapting to Climate Change in Ethiopia: Setor-Wise and Macro-Economic Estimates. *Equipa de investigação sénior, Divisão de Ambiente e Tecnologia de Produção, Instituto Internacional de Investigação sobre Políticas Alimentares (IFPRI), Instituto de Tecnologia de Massachusetts (MIT), Banco Mundial.*

Sileshi e Zanke, 2004. Recent Changes in Rainffal and Rainy Days in Ethiopia.Departamento de Engenharia Civil, Faculdade de Tecnologia, Universidade de Adis Abeba, Etiópia: Instituto de Engenharia Hidráulica e de Recursos Hídricos, Universidade de Tecnologia de Darmstadt, Alemanha. *Jornal Internacional de Climatologia. www.interscience. wiley.com.*

Smith e Lenhart, 1996. Climate change adaptation policy options. *Investigação sobre o clima.*

SERA (Strengthening Emergency Response Abilities), 2000. *Perfil de Vulnerabilidade: Ebenat Woreda (distrito) da Zona Sul de Gonder, Região de Amhara,* s.l.: s.n.

TerrAfrica, 2009. *Land & Climate:The Role of Sustainable Land Management (SLM) for Climate Change Adaptation and Mitigation in Sub-Saharan Africa (SSA).* s.l.:A TerrAfrica Partnership Publication.

UKCIP (Programa de Impacto Climático do Reino Unido), 2004. *Levina e Dennis Tirpak (2006). Costing the impacts of climate change in the UK,* s.l.: Oxford UK.

UNFCCC (Convenção-Quadro das Nações Unidas sobre Alterações Climáticas), 2007. *Climate Change: Impacts, Vulnerabilities and Adaptation in Developing Countries (Impactos, Vulnerabilidades e Adaptação nos Países em Desenvolvimento).* Bona: Secretariado da UNFCCC.

Banco Mundial, 2003. *Citado em Derressa. Etiópia: Risk and Vulnerability Assessment. Projeto de Relatório,* s.l.: s.n.

Banco Mundial, 2010. Economics of Adaptation to Climate Change, Washington, DC 20433: The World Bank Group.

APÊNDICES

Caro participante,

Este questionário foi concebido para recolher dados sobre os agregados familiares, a fim de avaliar os impactos da variabilidade da precipitação no rendimento das culturas e nas práticas de adaptação dos agricultores em Ebinat Wereda, na zona sul de Gondar, região de Amhara. O principal objetivo desta investigação é o cumprimento parcial do Mestrado em Gestão dos Recursos Naturais e do Ambiente no departamento de Geografia e Estudos Ambientais da Universidade de Gondar. A vossa participação voluntária e as vossas respostas verdadeiras têm grande valor, por um lado, para a conclusão bem sucedida do meu estudo e, por outro lado, para recomendações valiosas para os decisores políticos resolverem o problema em questão. No estudo, embora apenas sejam utilizados resultados agregados, as vossas respostas individuais serão mantidas confidenciais.

Agradeço desde já a vossa colaboração!

Alemesht Ayele

Apêndice 1 Questionário do inquérito ao agregado familiar

PART I: IDENTIFICAÇÃO DA ZONA

Nome da Wereda _________________ Zona agro-ecológica ___________ Nome do Kebele _______

Área de enumeração ___________ Número do inquirido _________ Data da entrevista___________

PART II: CARACTERÍSTICAS DEMOGRÁFICAS DO AGREGADO FAMILIAR

2.1.   Sexo do chefe do agregado familiar: 1) Masculino2   ) Feminino

2.2.   Idade do chefe do agregado familiar _________________

2.3.   Dimensão do agregado familiar por sexo e idade

Age	Sex		
	Male	Female	Total
<15			
15-29			
30-64			
65 and above			

2.4.   Nível de literacia do chefe do agregado familiar

1)   Analfabeto 2) Apenas leitura e escrita 3) elementar

4)   Secundário 5) Território

PARTE III: CARACTERÍSTICAS SOCIOECONÓMICAS DO AGREGADO FAMILIAR

3.1.   Qual é a principal fonte de rendimento do agregado familiar?

1)   Vendas da produção vegetal 2) Vendas de animais 3) Vendas de alimentos para animais

4) Rendimento extra-agrícola5   ) Outro (especificar) ___________________________

3.2.   Propriedade da terra: 1) Própria 2) Arrendada 3) Outra

3.3.   Se a sua resposta à pergunta 3.2 for terra própria, qual é a dimensão da propriedade fundiária do agregado familiar em ha?

≤0.5 ha	0.5-1.5ha	1.6-2.5ha	2.6-3.5ha	≥3.6

.4. Que tipo de agricultura pratica?

1) Agricultura2   ) Criação de gado

3)   Agricultura mista 4) Outra (especificar) _______________________________

3.5.   Que tipos de agricultura pratica?

53

Farming Type	Traditional measurement (Timade)	Hectare
Rain fed		
Irrigation		
Both		
Total		

3.6. Na época agrícola de 2012/2013 (Meher), que tipos de culturas cultivava na sua exploração? (Escreva a resposta pretendida no quadro)

Crop Types	Area		Production		Yield
	Hectares	%	Quintal	%	QT/HA
Teff					
Sorghum					
Wheat					
Barcly					
Maize					
Cheek pea					
Haricot beans					
Field beans					
Horse Beans					
Lentils					
Sesam					
Others (specify)					

3.7Quais são os tipos mais comuns de culturas de cereais que estão a produzir mais durante os últimos 10 anos? (Indicar os tipos de culturas nas suas quantidades de produção)

Crop types	Respondent answers in order					
	1st Answer	2nd Answer	3rd Answer	4th Answer	5th Answer	6th Answer
Teff	1	2	3	4	5	6
Sorghum	1	2	3	4	5	6
Wheat	1	2	3	4	5	6
Barley	1	2	3	4	5	6
Maize	1	2	3	4	5	6
Finger millet	1	2	3	4	5	6
Others (specify)						

3.7. Quantas vezes faz a colheita por ano?

1) Uma vez 2) Duas vezes 3) Três vezes

3.8. Como descreve a tendência atual da produção vegetal em comparação com a produção vegetal de há 10 anos atrás?

1) Crescente 2) Decrescente 3) Constante

3.9. Se a sua resposta à pergunta 3.10 for decrescente, quais são os principais factores que afectam a produção agrícola nesta zona? (Situar as respostas dos inquiridos na sua ordem de escolha)

Reasons for decreasing crop production	Respondent answers in order							
	1st	2nd	3rd	4th	5th	6th	7th	8th
Unpredictable rainfall	1	2	3	4	5	6	7	8
Increased pest and disease	1	2	3	4	5	6	7	8
Low amount of rainfall	1	2	3	4	5	6	7	8
Lack of agricultural inputs	1	2	3	4	5	6	7	8
Shortage of labor	1	2	3	4	5	6	7	8
Inadequate farm land	1	2	3	4	5	6	7	8
Spread out of weeds	1	2	3	4	5	6	7	8
Others (specify) _____________________								

1.10. Se a sua resposta à pergunta 3.10 for "crescente", qual seria a razão? (Situar as respostas dos inquiridos na sua ordem de escolha)

Reasons for increasing crop production	Respondent answers in order				
	1st	2nd	3rd	4th	5th
Use of fertilizer	1	2	3	4	5
Use of soil and water conservation practices	1	2	3	4	5
Use of improved seed	1	2	3	4	5
Adequate and stable rainfall	1	2	3	4	5
Others (specify) _____________					

PARTE IV: SENSIBILIZAÇÃO DOS AGREGADOS FAMILIARES PARA A VARIABILIDADE CLIMÁTICA

4.1.   Sabe o que é a variabilidade climática?

1)   Sim 2) Não

4.2.   Se a sua resposta à pergunta 4.1 for "sim", qual é a sua principal fonte de informação?

1)   Amigos 2) Extensionistas (DAs) 3) Cooperativas de agricultores

4)   Jornais 5) Rádio/Televisão 6) Outros (especificar) _______________________________

4.3.   Como descreve a quantidade de precipitação atual em comparação com a quantidade de precipitação anterior há 10 anos?

1)   Aumentar2   ) Diminuir3   ) O mesmo

4.4.   Se a sua resposta à pergunta 4.3 for decrescente (2), qual é, na sua opinião, a causa desta variabilidade da precipitação? (Coloque as respostas do inquirido no espaço fornecido

4.5.   Como descreve o valor atual da temperatura em comparação com o valor da temperatura que existia há 10 anos?

1)   Aumentar 2) Diminuir3   ) O mesmo

4.6.   Se a resposta à pergunta 4.5 for aumento (1), qual acha que é a causa desse aumento de temperatura? (Coloque as respostas dos inquiridos no espaço fornecido)

4.7.   Se não está a receber informações sobre a variabilidade climática, o que acha? (Situar as respostas dos inquiridos na sua ordem de escolha)

Reasons for not experiencing on information about climate change	Respondent answers in order						
	1st	2nd	3rd	4th	5th	6th	7th
Lack of awareness about climate change	1	2	3	4	5	6	7
Lower educational status	1	2	3	4	5	6	7
Lack of mass-media	1	2	3	4	5	6	7
Lack of institutional supporting about such information	1	2	3	4	5	6	7
Absence of contact with extension personnel	1	2	3	4	5	6	7
Lack of contact with friends	1	2	3	4	5	6	7
Others (specify)_______________________							

PART V: RELAÇÕES ENTRE A VARIABILIDADE CLIMÁTICA E A PRODUÇÃO VEGETAL

5.1. Vê algum impacto da variabilidade da precipitação e da temperatura na sua produção agrícola?
  1) Sim 2) Não

5.2. Se a sua resposta for sim, que tipo de impacto vê associado à variabilidade da precipitação em termos de quantidade e distribuição? (Situar as respostas dos inquiridos na sua ordem de escolha)

Impact	Respondent answers in order							
	1st	2nd	3rd	4th	5th	6th	7th	8th
Crops are sometimes failing	1	2	3	4	5	6	7	8
Crops are totally failing	1	2	3	4	5	6	7	8
Soil erosion and degradation	1	2	3	4	5	6	7	8
Occurrences of pests and diseases	1	2	3	4	5	6	7	8
Drying up and reduction of water bodies	1	2	3	4	5	6	7	8
Drought	1	2	3	4	5	6	7	8
Increased problem of seasonal flooding	1	2	3	4	5	6	7	8
Other (Specify)________________								

5.3. Que tipo de impacto vê associado ao aumento da temperatura (Situar as respostas dos inquiridos na sua ordem de escolha)

Impact	Respondent answers in order							
	1st	2nd	3rd	4th	5th	6th	7th	8th
Increases pests and disease	1	2	3	4	5	6	7	8
low crop production	1	2	3	4	5	6	7	8
Spread out of weeds	1	2	3	4	5	6	7	8
Occurrences of pests and diseases	1	2	3	4	5	6	7	8
Food insecurity	1	2	3	4	5	6	7	8
Drought	1	2	3	4	5	6	7	8
Drying up and reduction of water bodies	1	2	3	4	5	6	7	8
other (Specify)__________________								

5.4. Em qual dos últimos 10 anos se recorda de ter tido a pior escassez de chuvas para a produção e rendimento das culturas cerealíferas? Deve ser fundido

Year	Crop Types	Area		Production		Yield
		Hectares	%	Quintals	%	QT/HA

5.5. Em qual dos últimos 10 anos se recorda de ter tido a precipitação mais favorável para a produção e rendimento das culturas cerealíferas?

Year	Crop Types	Area		Production		Yield
		Hectares	%	Quintals	%	QT/HA

PART VI: PRÁTICAS DE ADAPTAÇÃO

6.1. Adaptou-se à variabilidade climática?　　　　1) Sim2　　　　) Não

6.2. Que práticas de adaptação na sua agricultura foram adoptadas para esta mudança a longo prazo?

Adaptation options	Yes	No
A. Physical adaptation		
1. Planting different varieties of crops		
2. Adjusting planting & harvesting dates		
3. Diversifying from farm to non-farm activities		
4. Use of small scale irrigation		
5. Inter- cropping /Mixed cropping		
6. Use of pesticides and manure		
B. Soil fertility management		
7. Application of manure/compost		
8. Contour farming		
8. Fallowing		

C. Soil &water conservation		
9. Rain water harvesting		
10. Check dams		
11. Tree planting		
12. Controlling over grazing		
13. Terracing		
14. Use of drought tolerant crops		
15. Use of disease/pest resistant varieties		
16. Other (specify)____		

6.3. Quais são os constrangimentos percebidos ao adotar esta variabilidade/alteração climática? (Situar as respostas dos inquiridos na sua ordem de escolha)

Constraints	Respondent answers in order						
	1st	2^{cond}	3rd	4^{rth}	5th	6th	7th
Lack of information	1	2	3	4	5	6	7
Lack of money	1	2	3	4	5	6	7
Shortage of labor	1	2	3	4	5	6	7
Shortage of land	1	2	3	4	5	6	7
Poor potential for irrigation	1	2	3	4	5	6	7
There is no hindrance to adaptation	1	2	3	4	5	6	7
Others (specify) _________________							

Nome do .... enumeradorAssinaturaDataMêsAno

Nome do .... supervisorAssinaturaDataMêsAno ....

Appendix 2   Questionário para entrevistas com informadores-chave

1. Id do .... inquiridoCargo/profissão...............

2. Qual é a agro-ecologia do vosso distrito/associação de camponeses?

    1) Dega2   ) Weyna Dega3   ) Kola

3. Já se apercebeu da existência de variabilidade climática na sua zona?

1)   Sim2   ) Não

4. Se a resposta à Q3 for afirmativa, poderia explicar a extensão do impacto da variabilidade da precipitação e da temperatura nas culturas do seu distrito/associação de camponeses?

5. Qual é o impacto da variabilidade da precipitação na população local? _______________________________

6. Na sua opinião, quem é mais vulnerável aos impactos? _______________________________

7. Quais são os mecanismos locais de adaptação/contra-ataque que se apercebeu estarem a ser implementados para reduzir os impactos? ____

8. Pode explicar os esforços da sua instituição para reduzir os impactos futuros?

9. Quais são os principais desafios para gerir as flutuações da precipitação e como pensa que podem ser melhorados?
    ____

10. Como perito, poderia dizer que as actividades agrícolas foram alteradas em resposta à precipitação? 1) Sim2   )
    NÃO

11. Se a resposta à Q10 for "Sim", explique essas alterações sentidas. _______________________________

12. Existe alguma investigação sobre desastres relacionados com o clima que tenha sido levada a cabo no vosso distrito?
    1)   Sim2   ) Não

13. Se a resposta à P12 for "Sim", que tipo de catástrofe relacionada com o clima ocorreu no seu distrito? __

        14. O que pensa sobre os impactos da variabilidade climática nas opções de subsistência das populações do distrito de Ebinat? ____

        15. Qual é o seu papel na prevenção de catástrofes socioeconómicas causadas pela

variabilidade ____ climática

        , em particular a variabilidade

da precipitação? ____

16) Quais são os principais desafios que se colocam à resolução do problema e o que deve ser feito?

Nome do ....enumeradorAssinaturaDataMêsAno...................

Nome do supervisor .... AssinaturaDataMêsAno..................

Appendix 3   Listagem do agregado familiar De

Formulário 1/ A.M. R. 2014

Trabalho de Investigação para o Cumprimento Parcial do Grau de Mestre em Recursos Naturais e Gestão Ambiental (2014)

<u>Listagem e seleção de agregados familiares agrícolas</u>

PARTE I Identificação da zona

Woreda^Agro-ecologia Kebele Área de Enumeração (EA)

PARTE II Listagem das famílias agrícolas e sua ordem de seleção

••	••	••
Sir. No.	Full Name of the Head Household	Order of Selection
•	•	•
•	•	•
•	•	•
•	•	•
•	•	•
•	•	•
•	•	•
•	•	•
•	•	•
•	•	•
•	•	•
•	•	•
•	•	•
•	•	•
•	•	•
•	•	•
•	•	•
•	•	•
•	•	•
•	•	•
•	•	•
•	•	•
•	•	•

•

•	Name•	Signature•	Date•
Enumerator's•	•	•	•
Supervisor's•	•	•	•

Página^de- Páginas*

Formulário 1Continuação

PARTE II Listagem das famílias agrícolas e sua ordem de seleção

••	••	••
Sir. No.	Full Name of the Head of the Household	Order of Selection
•	•	•
•	•	•
•	•	•
•	•	•
•	•	•
•	•	•
•	•	•
•	•	•
•	•	•
•	•	•
•	•	•
•	•	•
•	•	•
•	•	•
•	•	•
•	•	•
•	•	•
•	•	•
•	•	•
•	•	•
•	•	•
•	•	•
•	•	•
•	•	•
•	•	•
•	•	•
•	•	•

Page• ____ of ____ •Pages•

•	Name•	Signature•	Date•
Enumerator's•	•	•	•
Supervisor's•	•	•	•

Apêndice 4 Mapa da área de enumeração

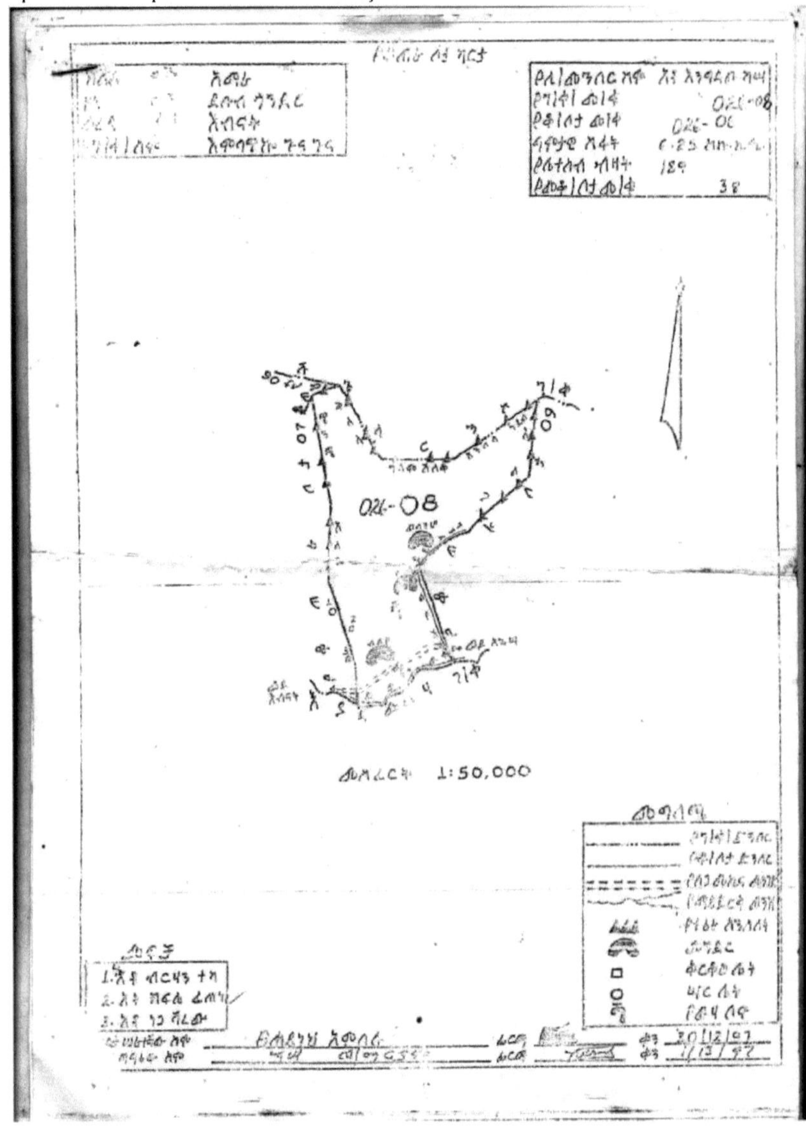

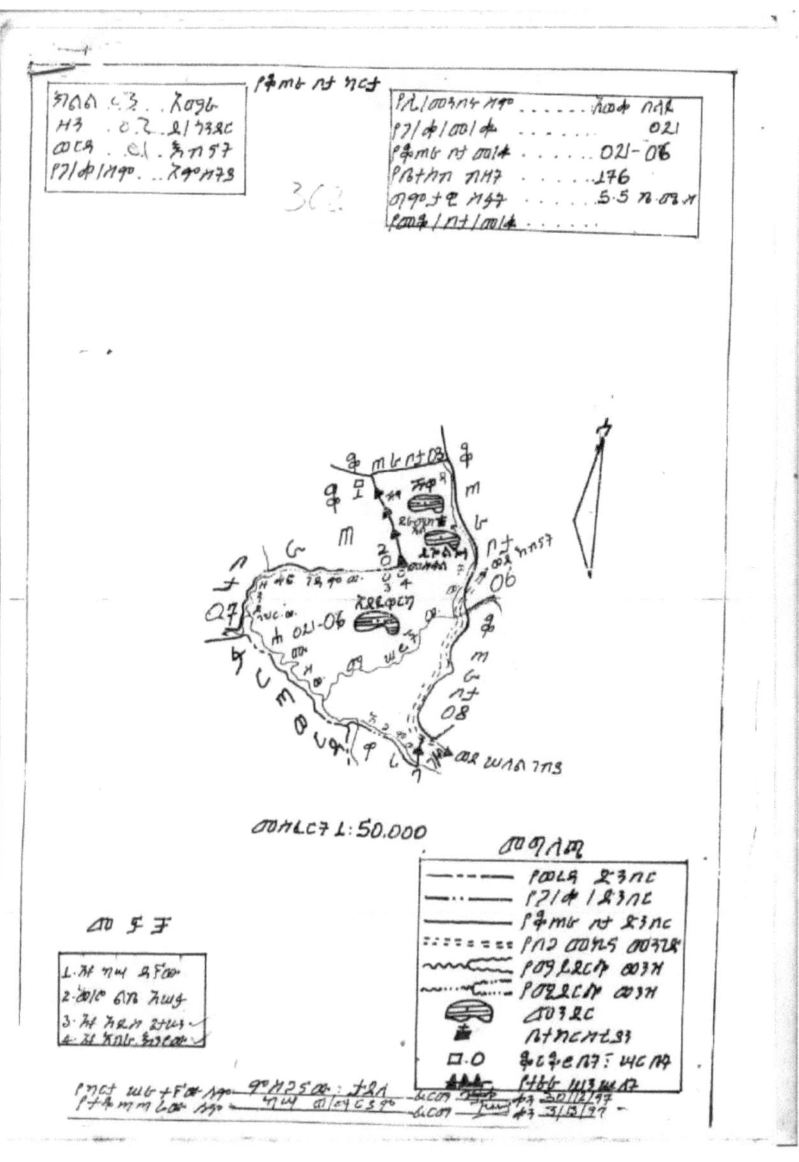

የቆጠራ ሉት ካርታ

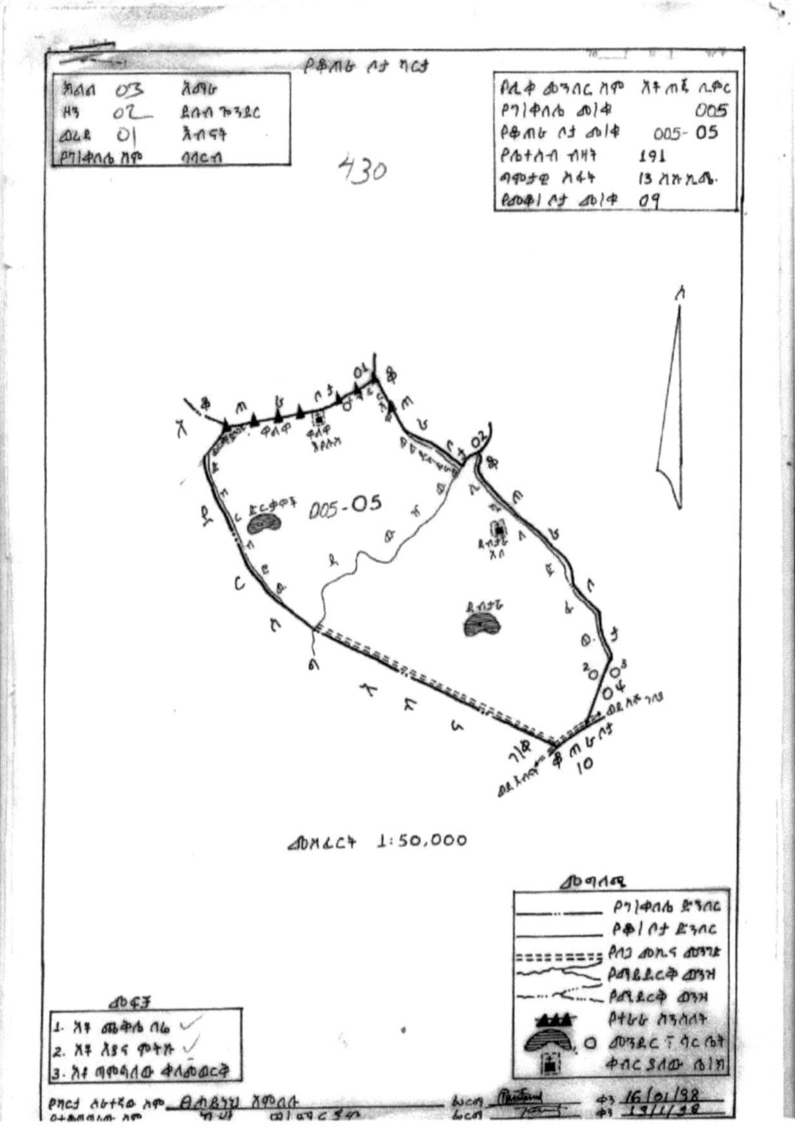
ክልል 03 እማራ
ዞን 02 ደቡብ ጐንደር
ወረዳ 01 እብናት
የግ/ቀበሌ ስም ባባርጐ

የዲቆ ወንዝበር ስም እ ት ጠፈ ሊቀር
የግ/ቀበሌ መ|ቁ 005
የቆጠራ ሉት መ|ቁ 005-05
የሉተስብ ብዛኝ 191
ማፖታዊ እፋፋ 13 ኪኔኪሎ.
የመቆ| ሉት መ|ቁ 09

430

005-05

ፍርቆዋች

ልበጋቶ
እስ

ልበጋቶ

10

መመዘርት 1:50,000

መግለጫ
የግ/ቀበሌ ድንበር
የቆ|ሉት ድንበር
የመንገ መኪና መንገዱ
የማይደርቅ ወንዝ
የማይደርቅ ወንዝ
የተራራ ስንስለት
መንደርተኛ ጐራብት
ቆደር ያለው ቦታ

መፋች
1. እተ ጨቆቦ ባሌ ✓
2. እተ አይና ፎተጉ ✓
3. እተ ጣመባለዉ ቆለመወርቆ

የካርታ ስፈፃመ ስም ፁለጸነኝ ኝወለተ   ፊርማ   ቀን 16/01/98
ተፈመጠሰበ ስም ካቦ በ|ስፃC ታጐ   ፊርማ   ቀን 19/1/98

I want morebooks!

Buy your books fast and straightforward online - at one of world's fastest growing online book stores! Environmentally sound due to Print-on-Demand technologies.

Buy your books online at
www.morebooks.shop

Compre os seus livros mais rápido e diretamente na internet, em uma das livrarias on-line com o maior crescimento no mundo! Produção que protege o meio ambiente através das tecnologias de impressão sob demanda.

Compre os seus livros on-line em
www.morebooks.shop

Printed by Books on Demand GmbH, Norderstedt / Germany